PERCEPÇÃO E NADA

A ESSÊNCIA É QUERER COMO PURA LIBERDADE

A ONTOLOGIA POSSÍVEL

Edição revista e atualizada

RUDERIK STEFFENSSEN

CURITIBA 2024

Meu especial reconhecimento

à Equipe sempre presente,

a todos que aqui vieram e

que foram ocasião de muitas percepções,

mas particularmente

a Marco Aurélio M. de Souza e Jane Graczkowski,

por sua significativa presença nas reuniões

com a Equipe,

as quais tiveram decisiva incidência

para a redação deste escrito.

Dados Internacionais de Catalogação na
Publicação (CIP) (Câmara Brasileira do Livro, SP,
Brasil)

Steffenssen, Ruderik
  Percepção e nada : a essência é o querer como

pura liberdade : é um novo universo em expansão :
os óculos que devassam o novo universo : a essência
e a unidade robótica / Ruderik Steffenssen. --
2. ed. -- Curitiba, PR : Ed. do Autor, 2024.

        Bibliografia.
        ISBN 978-65-01-00871-4

  1. Filosofia 2. Física quântica 3. Metafísica I.
        Título.

        24-204439   CDD-100

        Índices para catálogo sistemático:

        1. Filosofia 100
Aline Graziele Benitez - Bibliotecária - CRB-1/3129

APRESENTAÇÃO

O texto que aqui segue em oito capítulos, traz percepções a respeito do Universo em que vivemos.

No entanto, essas percepções indicam um modo de apreensão de informações que não são acessíveis ao intelecto como tal. E é esta a natureza do termo percepção. É um modo único e específico de se chegar a um ambiente que nem o intelecto, nem os sentidos, poderão, por sua natureza, chegar.

A percepção diz respeito a um modo de ser da essência do sujeito. Não é uma técnica cognitiva, não é uma habilidade de alguém mais sensitivo. É um modo de ser, é um modo do fazer-se da essência. No texto, a pessoa é descoberta como essência, e o corpo tem funções apenas robóticas, neste Universo. E há muitos outros Universos.

A percepção é o agir da essência enquanto essência. A sequência dos capítulos dará mais detalhes dessa qualidade exclusiva de uma essência. Acrescentamos aqui o fato de a percepção ser um termo corrente na linguagem comum. Mas nós retiramos este termo de seu meio e lhe atribuímos um significado exclusivo. Trata-se de uma estratégia comunicacional. E o motivo é que só podemos conversar e nos comunicar com palavras da linguagem de que todos se servem.

O ambiente da percepção, em si mesmo, não tem palavras, nem imagens. Não tem conceitos, nem definições. Mas quando queremos comunicar alguma coisa, mesmo do ambiente da percepção, nos utilizamos da linguagem, com sua gramática, com sua lógica, com seu nexo discursivo, com suas metáforas e metonímias, e todos os recursos que forem apropriados para a comunicação. Contudo, estamos cientes de que o conteúdo da percepção é intraduzível em linguagem corrente.

A percepção é uma experiência única e exclusiva, sem que a linguagem comum possa dar-lhe uma tradução equivalente. Por outro lado, o que seja a experiência da essência de uma pessoa, não tem nada a ver com a experiência da essência de outra pessoa. Disto se conclui que toda pregação, todo o esforço de aconselhamento para os outros, é, de si, um ato impertinente e invasivo da liberdade do outro. A essencialidade da liberdade diz a liberdade é um ato de reconhecimento da essencialidade da essência, sem que tenha que dar passos e fazer um itinerário para alcançá-la. É uma imediatidade que inaugura uma expansão sem limites.

Os capítulos que se seguem indicam o quanto a percepção faz descobrir a tremenda incidência inibidora dos pacotes culturais, das doutrinações, das tradições e raízes raciais ou genéticas. Esses capítulos dão notícia, também, da qualidade do atual Universo, e de quanto o assombramento diante de tudo que se vê, como constituinte deste Universo, não percebe que isso não passa de uma virtualidade imagética, matriz de todas as ilusões. Outros capítulos apresentarão um esboço do que seja a antropologia que vigora pelas culturas e o que realmente seja a constituição do que se indica como o ser humano.

De modo incisivo, a percepção mostra que não há um lado de lá, em contraposição com um lado de cá. O Universo, tal como é conhecido, é uma vontade indicada como sinistra, e onde todos os entes aparecem imersos e à mercê dessa vontade, pelo que o Universo, tão decantado e aliciador, representa o ponto a partir de que todos os entes fazem uma escolha. Trata-se ou de ficar com o sinistro, ou de saltar para a essencialidade da liberdade, para outro Universo.

SUMÁRIO

1 O UNIVERSO E PACOTES CULTURAIS

ISSO NÃO TEM FIM?

Parvólio se aproximou obsequioso, meio inclinado e muito gentil. Até demais. Estava cheio de interrogação. Disfarçava uma discordância teimosa insistente. Aquela fala do Pesquisador era um incômodo que não cessava.

— Oooi! Posso falar?

— Claro, disse o Pesquisador. Acho que te vi na sala da palestra.

— Me viu sim. É sobre a fala de ontem. Você disse que quem não sabe como vai acabar o mundo, não sabe por que está vivendo.

— Veja bem. A questão não era de "como vai acabar o mundo". A questão era sobre este nosso universo. Você é integrante disso que chamamos de universo. Eu sou também integrante deste universo. Todo mundo é este universo.

Se você é este universo, a pergunta agora é para você. Para onde você está indo? De onde você tirou isso de que o mundo vai acabar?

— Mas é por isso que estou aqui perguntando. Vim querer saber. Como vai ser o ponto final quando acaba tudo?! - insistiu Parvólio.

O Pesquisador tomou um gole de água. Tinha acabado de sair da academia de treinos físicos. Procurou mostrar a Parvólio que a pergunta dele não estava dentro do conteúdo da fala do dia anterior.

— Você fala como quem ouviu dizer que vai chegar um fim do mundo. O ponto não é esse. O ponto é: este universo com todos os seus moradores, está trabalhando que coisa? O universo, ou seja, todos os que são as peças deste universo, estão elaborando que tipo de conquista ou sucesso? O que cada elemento do universo está querendo fazer como seu ponto de conquista e gratificação. Enfim, quando é que existe um sucesso para os moradores deste universo?

— Acho que entendi meio diferente, então. Porque no sermão o padre fala que, no fim do mundo, Jesus vem para julgar os vivos e os mortos.

— Vem mesmo? Foi ele quem disse ou puseram isso na boca dele? Se você não sabe responder isso que te pergunto, você não vai saber o que eu disse na fala de ontem.

As coisas que o padre te diz estão na tua cabeça como vidros de óculos de sol. Se o vidro é amarelo, você enxerga amarelo, se é cinza escuro, tudo fica cinzento e quase sem cor. O vidro altera teu contato com a realidade. Imagine se você fosse pintor?!? A tela de pintura numa hora ia ficar carregada de amarelo, e em outra hora ficaria uma paisagem descorada cinzenta e escura. Mas a realidade normal não iria aparecer.

O que aconteceu foi que você ouviu minha fala com o filtro do vidro alojado na tua cabeça. E você não consegue entender o que realmente está sendo dito.

Você deixou que o padre inserisse esse filtro na tua cabeça. O filtro adultera tudo na tua frente. Adultera o que você vê e o que você ouve. O que o padre diz fica sendo o interceptador, a barreira, entre você e a tua realidade. Você perde o contato pessoal com as coisas da realidade e passa a alterar tudo com esse filtro, desfigurando o que os outros dizem, atacando o que os outros fazem, repetindo sempre o que o padre falou.

Você deixa de ser capaz de ter a própria palavra, e passa a ser uma marionete das palavras do "padre". Papagaio.

— Parvólio se sentiu numa briga de rua. Peraí, disse ele. Mas o padre tem autoridade. Ele é o representante de deus. E o que a igreja diz é infalível.

— Tanto faz dizer "padre", ou dizer "igreja" - anota o Pesquisador.

"Padre" ou "igreja" se tornaram um corpo estranho dentro de você, um tipo de chip, e isso te domina e te carrega para o lado que eles querem. São tão fortes dentro de você que você concorda em dizer que são "infalíveis". E "infalível", para você, é uma exigência, um limite, que deve ser cultuado como a coisa máxima intransponível.

E você fica congelado apagado por dentro, papagueando os textos carimbados de infalíveis no chip injetado na tua cabeça.

Que vidinha a tua, hein?!?

— Mas Jesus falou que vinha julgar os vivos e os mortos no fim do mundo. E eu tenho fé em Jesus. A igreja espera o fim do mundo e a chegada de Jesus. Para todos irem para perto de deus.

— Jesus nunca falou isso. Essa frase é de uma literatura bem mais antiga que ele. Foi importada por algum escriba (escritor daquele tempo) que fez uma montagem. Não é assim que a imprensa faz uma montagem de fotos e frases para manipular os leitores e carregá-los como sacos de batata para o lado que quer? Tua igreja é feita de gente muito mal-informada. E os que são bem-informados são avisados para ficarem calados e mudarem a narrativa. Se não serão afastados de seus cargos.

A finalidade da imprensa e da igreja é manter uma platéia de bobos, abismados pelos fatos transformados em "revelações" e magias de outro mundo. E o monte de bobos gosta de encher a cabeça com ilusões e magias que os deixem abismados.

Se você quer mesmo saber o que eu disse na fala de ontem, vai ter que se livrar do cabresto que você deixou colocarem em você.

— Cabresto?! - esperneou Parvólio.

— O chip da catequese que enfiaram na tua cabeça é um cabresto que os padres e pastores, a igreja, dirigem com um controle remoto. A tua cabeça está presa na falação desse pessoal da igreja.

— Quem tem uma espiritualidade está protegido pelas coisas sagradas, e não se deixa enganar. – Parvólio argumentou com tudo que tinha.

— Eu sou um renascido da fé e sei o que estou dizendo. Minhas orações não me enganam. Faço muitas meditações e me aproximo do meu deus. Ele é forte e espanta os males.

Neste momento, o Pesquisador fez uma pausa, olhou para Parvólio e perguntou:

— O que você foi fazer na minha fala de ontem? Se você tem tudo isso que você falou, o que você quer mais? O que eu estou percebendo é que você não está muito satisfeito com toda essa lista de garantias da tua igreja. Está sempre precisando de alguma coisa que está faltando.

— Busco uma profundidade maior. Sempre tem algo novo que pode ser assimilado, sempre tem alguém que pode nos ensinar algo novo - tagarelou Parvólio, se mostrando cheio de razão ao citar as últimas frases e ensinamentos dos grupos de espiritualidade.

— Ora vejam. Se você tem os ensinamentos infalíveis, para que outros, se o infalível é tudo — uma pretensa verdade estilo tiro e queda?

Por que você precisaria de orações para cavar ajutórios dos deuses e seus vassalos mensageiros? Se esse deus é tão forte, como o fez tão fraco e perdido?

Estamos conversando um tempão e você só retira outros chips da cabeça. São chips de cabresto: deus, oração, meditação, pedido de ajuda,... Deu para notar que você não tem sequer uma idéia própria, não tem sequer uma visão própria das coisas a respeito da existência?

Me diga: existe alguém mais perdido que você? Esse monte de chips na cabeça te transforma em um boneco tipo marionete, controlado por cordinhas na fala do pessoal da igreja.

E mais, você disse que sempre está procurando adicionar algo mais, nessa coisarada que te puseram na cabeça. Como se um conjunto de ilusões melhorasse com acréscimo de mais ilusões.

Parvólio intervém:

— A gente tem que aumentar os conhecimentos! É o mínimo que se pode fazer.

Essa tua procura de mais e mais, é somar e somar porcaria para carregar na cabeça, porque teu critério de coisa nova tem que ser do mesmo tipo que os controles (chips) que te colocaram na cabeça.

Você busca um material maior em quantidade. Só que a qualidade é das porcarias mentais assimiladas. O que você vai ganhar com isto?

Ah, já sei. Maior espiritualidade. Pronto! Chegamos ao ponto. Você alimenta as ilusões, as magias, e chama isto de espiritualidade. Mais fraseados mágicos, mais cursos e meditações, mais rezas, mais pedidos de ajuda, mais promessas ao santo de cabeça. E essa espiritualidade é um conhecimento, como você disse.

Conhecimento, você disse. Essa tua espiritualidade é apenas um conhecimento. E conhecimento na tua cultura é sempre algo realizado pela racionalidade. E a racionalidade trabalha com a lógica. Uma lógica básica e rasteira, em geral.

E a lógica, essa tua lógica, é feita de regras próprias, que não se pode deixar de lado quando no uso dela. É uma camisa de força. Essa tua é uma prisão mental que controla o que você pensa.

A coerência que ela consegue no pensar, se torna um mandamento, um dogma racional, e não deixa sua vítima escapar. É um anzol que fisga o peixe incauto, curioso e guloso de mais e mais.

— Buscar o mais não é uma virtude recomendada, pelo jeito. Você discorda dos grandes santos e espiritualistas, ironiza Parvólio, já indisposto com o Pesquisador.

— Você se escora nesses "grandes". Tua preocupação de desenvolver uma "espiritualidade", é o esforço para ser peixe descuidado, cada vez mais. Esses santos e espiritualistas, esses pregadores são e serão sempre pescadores. Pescadores de homens (risível!). São como ovelhas do rebanho, que um dia serão tosquiadas e vendidas como carne.

Peixes presos na rede da lógica. Uma espiritualidade isca. Um fiel feito marionete. Um fiel-peixe de "grandes" espiritualistas e pregadores.

Tudo isso é um grande entrave para você entender qualquer coisa da minha fala que fiz ontem na sala da faculdade. Se a gente fala em universo, você entende "mundo", se a gente fala no desfecho que pode ter este "universo", você entende "fim do mundo". E, neste caso, você é captado pela enxurrada de doutrinações que desce o morro e despenca no bueiro de detritos. A isso você chama de "a vinda de Jesus para julgar os vivos e os mortos". Nem na velha bíblia está escrito isso.

A vida no bueiro é escura e os seus moradores serão sempre arrastados por novos detritos, as novas espiritualidades. Os chips na sua cabeça vão se acumulando e você, cada vez mais, será um estranho, alienado de si mesmo. O outro mora em você. Você hospeda, em você mesmo, um estranho e ele te consome, como a larva da vespa que consome a barriga da aranha, onde a vespa mãe botou o ovo.

O opressor entrou em você. O opressor é o doutrinador que captura o peixe com iscas de doutrinas que se dizem salvadoras. E essas doutrinas são as doutrinas religiosas e as doutrinas políticas socialistas entre outras. Estas são as que mais fazem vítimas.

— Quer dizer que se a gente deixar Jesus entrar em nossa alma, a gente será o peixe fisgado? Muito estranho, porque Jesus traz paz e nos enche de força. - Parvólio jogou seu tanque de argumentos, na esperança de esmagar o Pesquisador.

O Pesquisador se obrigou a sair mais uma vez da linha inicial da pergunta sobre o tipo de sucesso do universo.

— Quando alunos de colégio e faculdade são doutrinados na linha marxista, por professores manipuladores, também o "espírito" de Marx entra nesses alunos. Todo doutrinador, como Jesus ou Marx, entra na pessoa por meio de sua doutrina.

O indivíduo, o incauto aluno, ou o fiel que quer se encher de espiritualidades, esse indivíduo se deixa possuir por aqueles doutrinadores. Se faz corpo desses doutrinadores.

Esses possuídos pela doutrina de Jesus ou de Marx, se tornam inquietos combatentes, mortíferos anunciadores de holocaustos sem conta. Se você seguir as pegadas, dos seguidores de Jesus, irá encontrar incontáveis cadáveres, torturas, masmorras, decapitações, destruição de cidades, saques, guerras imensas, cruzadas, fogueiras queimando gente como castigo, e muita pirataria através do engodo do missionarismo cristão em que muitos milhões de seres humanos foram sacrificados para que os europeus dominassem. Um ódio incontível é a "força" que o teu Jesus te dá. A paz do teu Jesus, de que você fala, é o silêncio da bomba armada na mina enterrada no solo.

E se você examinar o rio de sangue humano gerado por socialistas na Europa, na Ásia, nas Américas, você soma mais de 400 milhões de mortos. Em apenas 50 anos. Sem falar na destruição de culturas, e de sistemas de produção de todo tipo, assim como na eliminação de sistemas democráticos e de liberdades dos cidadãos.

Jesus e Marx são o carro chefe do silêncio que mata. Eles ofereceram doutrinas que te engolem e te digerem até você se tornar um monte de fezes. São doutrinas totalitárias. Você fica totalmente engolido pelas "frases" do que eles dizem. Por isto os pregadores cristãos e socialistas sempre citam frases, como se fossem mandalas mágicas irresistíveis. Elas são códigos de dominação e de eliminação da liberdade. Você só tem uma opção, que é tornar-se a bala que o fuzil lança para explodir quem se opõe.

— Você esqueceu que os missionários trouxeram a palavra eterna para os povos primitivos, índios, e eles puderam sair da servidão aos deuses malignos! - atacou Parvólio, com a agitação própria dos devotos.

— Qual a diferença entre os "deuses malignos", de que você fala, e o teu deus bíblico ou evangélico? Estou bem curioso para saber dessa diferença. Parece que ambos queriam o sangue de suas vítimas, parece que ambos subjugavam o povo metendo medo em todos. Parece que ambos eram a explicação para as desgraças ditas disciplinares que ocorriam na história desse povo.

Parvólio, pediu licença para tomar seu rumo. Rotinas diárias o chamavam.

Já o pôr-do-sol se aproximava, quando o Pesquisador se deparou com um chamado atrás de si. Era, sim, o devoto Párvólio.

— Te trago o Gulag, um colega nosso para conhecer.

E se apresentaram. Gulag estava no sétimo semestre de seu curso de Culinária e Geopolítica. Chamaram-lhe a atenção as argumentações do Pesquisador.

Parvólio ficou encalhado nos questionamentos do dia anterior sobre se "mundo" não é "universo".

— Então quer dizer que a palavra revelada sobre o fim dos tempos, com queda de fogo e enxofre sobre toda a Terra é apenas ficção ou entretenimento dos fiéis?

— Afinal, suspirou o Pesquisador, você quer saber o quê? Agora eu não entendo como esse teu Jesus pode vir sobre as nuvens no fim dos tempos, se a Terra está sendo carbonizada por fogo e enxofre vindo do céu cristão. Ele pode sair com queimaduras de terceiro grau. E mesmo queimado ele irá julgar os mortos e algum vivo, se sobrar? Por sinal esse céu cristão é mais parecido com as torres incendiárias dos romanos quando sitiavam alguma fortaleza inimiga.

— Acho que o senhor não entendeu, sobre o uso de linguagem de livros sagrados. Eles são revelados, são atemporais e puxam o fiel para acima de si mesmo.

Gulag se apresentou melhor nesta fala. Seu refinado saber sobre linguagens que podem imantar alguém para os ares, podia trazer para o concreto do chão o Pesquisador que, parece, flutuava acima das pedreiras e corredeiras vertiginosas do rio Tsonga-Songa, a Meca dos caiaquistas arriscados demais.

— Mas você, Gulag, sabe da proposição de seu colega Parvólio a respeito do "mundo" com um itinerário próprio já traçado nos escritos revelados? - emendou o Pesquisador. Eu tentei colocar minha proposição, mas o conjunto de filtros, doutrinas sagradas, revelações, que Parvólio carrega na sua cabeça, tornam impossível eu apresentar uma visão sanada isenta de pré-conceitos. Na verdade, esse estilo de Parvólio, parece uma encenação no circo mambembe, onde conceitos e revelações criam um cercado de paredes, sem portas nem janelas e o indivíduo, lá dentro, encena, na ilusão, um papel de quem viaja livre pelo mundo. Isso é um tipo de autismo existencial. Concorda, Gulag?

— Eu não sei da conversa de vocês. Só sei que meu amigo Parvólio está certo em uma coisa: Deus diz as coisas para ajudar o ser humano na frágil caminhada de seu destino.

— Agora você fala mais coisas que embaralham mais. Diz que deus ajuda e que há um destino que o ser humano cumpre. Aí está dito que o ser humano já tem aonde chegar. Você diz que ele tem um destino, destino que já está dado e que deus está no meio disso.

E eu pergunto prá você, Gulag, como falar do específico do universo, se vocês já dizem que há um destino sendo cumprido? Esse destino é o mesmo fim do mundo ou fim dos tempos? E o teu deus compartilha disso?

Aí vocês falam de um destino e fim do mundo como algo nas mãos desse deus.

Acho que para a gente tematizar o universo e seu desfecho intrínseco, teremos que saber mais sobre esse deus. Ele está entrando em cada coisa que vocês dois estão dizendo.

Gulag, mais afiado que Parvólio, tenta colocar o Pesquisador no seu lugar.

— Parece que o Pesquisador nunca frequentou uma boa catequese, ou aulas sobre o que seja o cristianismo.

— Ah, Gulag. Frequentei sim. Acredite, fiz curso de teologia em universidade católica. E fiz muito mais que um simples curso. E o que descobri sobre esse teu deus?!

Primeiro, esse deus vem do Oriente Médio, das tradições árabes, ou melhor, hebraicas. Vem de tradições de um povo dito sumério e depois acadiano, que habitava a Mesopotâmia. Bem antes de Abraão, o hebreu. Bota aí 2 a 3 mil anos antes.

Vocês conhecem esse deus, dito Javé, o deus bíblico, a partir da narrativa em que aparece Moisés. Certo? No início, Abraão servia um Senhor do alto (nunca foi chamado de deus). E seu nome era Enlil. Foi há pelo menos quatro mil anos atrás. Abraão fez suas escaramuças pelo Mar Morto para defender o poder desse Senhor do alto, em oposição ao seu irmão e ao fatídico Marduk, testa de ferro. Descubra depois quem era esse Marduk.

Uma dica: procure algumas informações de arqueólogos bem-informados. Por exemplo: Zecharia Sitchin. É grande pesquisador e de grande aceitação. Tem obras escritas com títulos como: **O 12º Planeta, As Guerras entre Homens e Deuses, O Fim dos Tempos, O Código Cósmico**.

["Deuses", aqui, é o termo grego utilizado no lugar de "Senhor do Alto", ou "Senhor", ou "Altíssimo" — os navegadores do espaço]

Os hebreus, ou as tribos dos hebreus viveram na região dos canaanitas (hoje Palestina, Líbano, Israel, etc.). Os canaanitas eram fortes, tinham uma cultura bem delineada e seu Senhor do Alto era o famoso EL, pai de Baal, que todos conhecem. El foi incorporado na bíblia hebraica, como a tradição eloísta. Daí é que vêm os nomes Eli, Elói, Dan-El (depois ficou Daniel), Ezequi-El, etc. Para a escrita, os hebreus (Israel e Judá) utilizavam o alfabeto canaanita antigo. Não há sinais de que os hebreus, como sendo tribos de Israel ou de Judá, fossem originários do Egito, ou, como dizem, da escravidão no Egito.

Parvólio já não se continha mais. Sua cabeça parecia um vulcão dando sinais de erupção próxima. Interveio com a firmeza própria do que os catequistas lhe passaram.

— Mas o amigo Pesquisador não pode esquecer que foi no Egito que deus falou claramente para Moisés sobre planos de libertar o povo e dar-lhe uma terra cheia de abundâncias.

— Que deus, Parvólio?! O deus chamado Javé?

— Todo mundo sabe que é ele.

— E você sabe quando foi que o deus Javé falou coisas a Moisés?

Gulag entra para precisar que tudo aconteceu na época depois que os hebreus foram feitos escravos no Egito, 400 anos depois que José, filho de Jacó ter se mudado para lá.

— Só tenho que dizer uma coisa, se havia hebreus no Egito, certamente foram bem tratados. Sabe por que Gulag? Porque a historinha sobre Moisés e sua visão de deus Javé no arbusto que pegava fogo, foi criada oito séculos depois da suposta vida de Moisés no Egito.

— Bem estranho e confuso seu ponto de vista - retruca Parvólio.

— Não é confusa nem estranha. As pesquisas mostram que Nem Davi, nem Salomão, nem o dito profeta Isaías tinham conhecimento desse tal de Moisés do Egito. E Davi, Salomão e Isaías eram do século XI AC (ano 1000 antes de Cristo). Sem falar que o tal Isaías deu jeito de degolar 300 sacerdotes de Baal, dos Canaanitas.

Moisés é colocado como tendo vivido no Egito lá pelo século XIII ou mesmo XIV AC (1200 ou 1300 antes de Cristo).

— Isto é impossível. A bíblia nunca erra, estremece Gulag.

— A bíblia não está certa, nem errada - alerta o Pesquisador. A bíblia, Parvólio, se mostra como uma coleta daqui e dali de composições avulsas, de criações literárias que copiavam os escritos dos sumérios ou dos egípcios. A bíblia é um acúmulo de textos sem se preocupar em ser registro de fatos históricos.

A curiosidade sobre ela é apenas arqueológica. No máximo.

Gulag sentiu o cérebro ferver de indignação. Mas o Pesquisador continuou.

— Um escriba, não se sabe quem, criou uma narrativa sobre Moisés lá no século VI AC. Criou a historinha de Moisés e da escravidão no Egito e disse que tudo tinha acontecido no século XIII ou XIV AC.

Reparem bem. Moisés teria vivido no Egito no Século XIII ou XIV, e mais tarde, 6 ou 7 séculos depois, alguém escreve sobre ele, tintim por tintim. E nem tinha conhecido o Moisés, e nem havia nenhum escrito conhecido sobre ele, nem no Egito nem em lugar algum.

— Mas Deus inspira seus fiéis! - acode Parvólio, para salvar da ruína a própria sacralidade bíblica.

O Pesquisador observa consternado esses dois representantes dos devotos catequizados. Prefere esclarecer alguma coisa e prossegue.

— O escriba constrói uma narrativa pegando pedaços de narrativas que existiam entre outros da região. Vamos ao tão comentado trecho que fala que ele foi colocado num bercinho de vime, ainda bebê, no rio, para escondê-lo de uma perseguição do faraó que queria se livrar de futuros substitutos no seu trono.

Este trecho foi tomado de empréstimo (puro plágio) da narrativa sobre a vida de Sargão II de Acad (a região da Suméria, ou Babilônia, hoje Iraque). Acontece que Sargão II era anterior a Moisés (do Egito) cerca de mil anos. E os hebreus estavam exilados na Babilônia (era a Acádia de Sargão mil anos antes) tiveram contato com as histórias que se contavam a respeito do grande Sargão II de Acad.

— Tenho cá minhas dúvidas, - vocalizou Gulag.

— Se vocês quiserem sair dos contos de Grimm bíblico, têm que encarar essas coisas, de que vocês nunca ouviram falar. Claro, os catequistas que puseram chips nas suas cabeças eram outros chipados. Robôs fabricam robôs. Mas vou dar uma pista para vocês. Visitem as obras de Zecharia Sitchin, passem os olhos em Gênesis revisitado, ou Encontros divinos.

A intervenção de Parvólio foi digna dos devotos. Diz ele nesta altura,

— Mas a fé no único Deus está acima da arqueologia.

O Pesquisador sentiu-se confortável para seguir na conversa.

— Está acima de que jeito? O próprio conteúdo de sua fé é um tipo de ruína arqueológica! É coisa que vem do neolítico. Uns quatro mil anos antes da narrativa de Moisés, criada no século VI AC, os que mandavam nos humanos, seus empregados, eram os EN ou EI. Eram os senhores (os que mandavam) e os do alto (os que desciam com suas naves em raras ocasiões e para algum tipo de iniciativa muito restrita deles). Por sinal eram autoritários, briguentos entre si, mal-humorados. É só ver o comportamento violento dos "deuses" gregos. Os gregos foram à Suméria (já com o nome de Caldéia) e copiaram o nome e as características desses Senhores e levaram para a Grécia com nomes em grego: Zeus, Hera, Poseidon, Atena, Ares, Deméter, Apolo, Ártemis, Hefesto, Afrodite, Hermes e Dionísio. Os romanos também copiaram daí.

Em nenhum momento eles se diziam deuses criadores. A única coisa que os textos daqueles tempos mostram é que eles criaram o humanóide LU (em sumério), ou ADAMU em língua acadiana. Depois de muitas tentativas em laboratório. Mas suaram para acertar a fórmula com óvulos de certos antropossímios e o esperma dos jovens das naves. Está escrito em cuneiforme, tudo encontrado soterrado em areias, e achado em prateleiras de bibliotecas da época.

Vocês se atrapalham com o termo "deus", termo grego ou latino. Um deus para os gregos ou romanos podia ser um general como Júlio César, ou um rei ou um escultor. Nada que indicasse criar céus e terras. Apenas um título.

Gulag dá seu chute em seguida, tentando fazer gol.

— Mas nosso Deus não vem da biblioteca das areias.

— Não dessas, mas de outras ali de perto - corrige o Pesquisador. O criador da figura de Moisés situa a cena da famosa "sarsa ardente"- um arbusto pegando fogo - nas terras do Egito, quando Moisés cuidava de ovelhas como pastor (ué?! ele não era um filhote de faraó?!). De dentro desse fogo falava um ser desconhecido. E foi depois pintado e colorido de Javé, o que desceu para libertar seu povo.

— A arqueologia bibliotecária descarta também isso que é o que há de mais aceito?! - ironizou Parvólio.

— O escriba, astuto criador de narrativas para formar platéias e seguidores, seguiu o esquema de outros escritores antigos que situavam seus heróis, sacerdotes e reis em cenários de visões onde recebiam missões e incumbências de deuses, seres diáfanos, de vozes misteriosas e irrecusáveis, de sons hipnotizadores e propelentes. Tudo mera cópia de estilo.

Esta estratégia de apresentar uma visão, uma voz de algo invisível, um fogo assustador, é coisa mesmo de povos muito primitivos.

— Mas se passaram mais de dois mil anos e as pessoas continuam levando a sério essa visão de Moisés.

Esta tacada foi de Gulag, o supino.

— É verdade, responde o Pesquisador. Isto é um forte comprovante de que as pessoas de fé carregam um cérebro neolítico. Daí é fácil falarem de milagres, de visões de santos e espíritos iluminados, de vozes guias, de tudo que apele para a magia e capture essa cabeça neolítica ansiosa por soluções mágicas. Essa mente primitiva está sempre predisposta a oferecer sua vontade em sacrifício aos seres desconhecidos, contanto que tragam alguma coisa mágica em suas vidas. Querem de qualquer jeito ser manipulados, usados, corrompidos. Basta receberem um troquinho, uma propinazinha dos espíritos espertalhões. Assim o pessoal se acostumou com os grupos clepto-socialistas brasileiros, cristãos e políticos.

O mercado de ilusões não tem fim. É dando que se recebe... O dá cá, toma lá é a matriz da corrupção. É disso que os políticos vivem. E vejam vocês, isso é incentivado pelos pregadores dessa visão mosaica. Os padres, pastores, bispos e papas ensinam que se deve oferecer a mente e a vida a esse deus que, em troca, ele dá graças, saúde, vida eterna e tudo que vocês e sua ambição imaginam.

Perceberam? Toda cena de visão de deuses, de espíritos do além, é a troca da "alma" por quinquilharias. A pessoa negocia sua liberdade em troca de ilusões que, de resto, nunca chegam a suas mãos. E chega num momento da vida que a pessoa percebe que está sempre de mãos vazias. E cai em depressão.

A cena do arbusto pegando fogo e das promessas dessa voz no fogo, é o esquema da corrupção sendo proposta a Moisés e todos aqueles que seguirem essa voz.

Vocês acham que essa voz era a de um deus dito benigno?

— Mas o pior era o povo de deus estar sendo escravizado no Egito, onde até crianças tinham que carregar pedras. Havia muita dor e tristeza.

— Sério mesmo, Parvólio? - interroga o Pesquisador. Veja bem, toda essa narrativa de hebreus escravos no Egito foi criação de um tipo de folhetim feito por um escriba (Séc. VI AC) que tinha certas intenções. Não houve o fato "escravidão dos hebreus no Egito". O que houve foi que hebreus como José e sua família foram para o Egito porque sua região nas terras canaanitas (Palestina) passando fome, com carestia e seca. Assim diz a narrativa.

O pessoal se mudou para o Egito porque o Egito era próspero. Foram bem recebidos como muitos outros estrangeiros, chamados "asiáticos". Claro, faziam comércio, se empregavam onde havia lugar de trabalho. Com o correr dos anos, houve hebreu que teve sucesso como militar graduado ou como conselheiro no grupo do Faraó. Isto são fatos históricos. Há registros. Dessa dita "escravidão" criada pelo escriba não há registro.

— Mas todo mundo acredita. Será que os papas se enganaram durante séculos e não perceberam que não houve a escravidão e a saída do Egito? E todos os teólogos, durante séculos ficaram na ilusão? Não pesquisaram? - Gulag estava de cara quente. Será que somos todos uns imbecis? - pensava ele.

— O que esses teólogos nunca perceberam, ou não tiveram olhos para ver, era o caso da distância temporal entre a narrativa da "escravidão no Egito" (feita no século VI AC) e os fatos que teriam acontecidos 700 ou 800 anos antes. Como o escriba poderia ter informação disto, se não havia registros de que isso teria acontecido?

Nem o reizinho Davi, nem seu filho Salomão (filho bastardo) sequer tinham ouvido falar dessa escravidão do povo deles. O profeta Isaías, grande admirador de Davi, também nunca tinha ouvido falar disso. Esse Isaías era o que degolou 300 sacerdotes de Baal, o deus canaanita. Fugiu e se escondeu no Negev. Essa "saída" é registrada. E você também não sabia disto. Pergunte para os padres amigos de vocês se eles sabiam disto. Claro que não sabem. Padres e pastores mal sabem o endereço de onde moram. Eles são catequistas remediados. O pouco e superficial conhecimento deles é suficiente para arrastar multidões.

E por que arrastam multidões? Você, Parvólio? Falei um pouco antes sobre o motivo de arrastar multidões.

Parvólio deu de ombros.

Essa historieta arrasta multidões porque os humanos gostam demais de histórias imaginosas que falem de deuses se comunicando com heróis especiais, deuses que fazem milagres e operam maravilhas, deuses que colocam certos indivíduos como os fazedores de coisas inacreditáveis. A fantasia anda junto com a busca de ilusões. Se existem indivíduos assim, vamos procurá-los, dizem eles. Vamos ler nossa sorte, vamos perguntar sobre o futuro dos nossos negócios... Buscam oráculos, profecias, búzios, cartomantes, e todo tipo de lixo cultural.

É por isto que se diz que os humanos carregam, no seu sistema límbico, o cérebro do neolítico, se tanto.

Além disso os teólogos e seus papas nunca prestaram atenção no que a narrativa da "escravidão no Egito" estava escondendo. Agora há pouco eu falei da intenção segunda do escriba ao inventar essa história toda.

O que o escriba queria era criar um herói escolhido por deus para uma missão. E isto era típico da literatura no Oriente Médio e outros lugares. Para esse pessoal, sempre haveria um herói que viria com uma missão e ele era enviado dos deuses. Os hebreus estavam acostumados com as promessas da chegada de um messias que os tiraria da pequenês de serem um povo que pagava impostos para outros povos mais poderosos. E estavam cansados disso.

Uma missão de sair de sob a espada de outros povos exige um herói bem poderoso. Que tal copiar a biografia do grande Sargão II de Acad, imortalizado nos seus feitos que fizeram surgir um império poderoso na região, bem onde o escriba se achava exilado?

Dito e feito. A intenção do escriba era criar um herói tipo Capitão Marvel ou o insuperável Super Man. Assim o herói iria ser chamado de

"Moshe" Moisés para estrangeiros), nome que ecoava a grandeza de outros heróis conhecidos na época, com nome parecido ou igual.

Depois esse herói teria a biografia de Sargão II, bebê salvo das águas pelas princesas do palácio do rei.

Moshe (Moisés) receberia uma missão da boca do próprio deus. E foi o que o escriba criou. Criou uma cena em que o pastor Moshe viu um arbusto em chamas e lá de dentro uma voz falava e lhe dava uma missão: tirar o povo hebreu do Egito, porque ele, deus, não estava gostando nada disso. Desci para libertar e vocês serão o meu povo.

Perceberam vocês dois? O deus teria dito "Desci". Quem descia para conversar com humanos nos zigurates (palácios) da região eram os Annunaki, indivíduos que colonizavam essa região do Golfo Pérsico. Eles vieram de fora do planeta em busca de ouro e vinham em naves. Eles "desciam" até o chão quando precisavam fazer isto. Por isto eram chamados de "os senhores do alto", os "altíssimos", porque ficavam em órbita muito alta.

Moshe, o Moisés, mais tarde subirá uma montanha para receber os mandamentos desse deus. Foi o que escreveu o escriba, na sua literatura de cordel. A essas alturas esse deus já era designado de Javé (YHWH, o tetragrama que se pronuncia mais ou menos assim /iaué/). Esse deus foi criação do escriba. Mas Davi, Salomão, Isaías e todos os demais falavam apenas no senhor de nossos pais. E, pela história de Abraão (um desses pais), se tratava de Anu, Enlil, Ninurta, pessoal das naves e conhecidos como Annunaki. Por sinal a bíblia os designa Anáki.

Vejam o caso da montanha. Ninguém encontrou essa montanha do Sinai, descrita por esse escriba. As informações são muito desencontradas. O maciço do Sinai tem diversas montanhas. Mas nenhuma que feche com a descrição do escriba que criou essa história toda.

A montanha era coisa importante: os heróis do passado subiam numa montanha para receberem revelações de seus deuses. Os monges do Tibete, do Butão, ainda hoje pensam que as montanhas são muito importantes para suas orações. Ora vejam, mais uma cópia de coisa alheia E tudo para dar importância ao Moshe (Moisés para os pouco informados). O escriba vai dizer que o herói recebeu os mandamentos da boca do Javé, e o próprio Moisés falou para a multidão dos hebreus (eram um 600 mil no chão do deserto sem água, acreditem). Nem com Trio elétrico ele seria ouvido. Ainda mais falando lá de cima de uma montanha.

Em resumo, o escriba - inspirado por deus - criou uma historinha para ser coisa de outro mundo, mas os remendos de muitas cores não conseguem formar uma colcha de retalhos. E o povão gosta de acreditar em coisas sem pé nem cabeça. Mentes neolíticas.

"Inspirado por deus". Tenebrosa inspiração. Os papas dizem que cada palavra da bíblia é inspiração do deus Javé, ou do Espírito Santo. Está na Bíblia de Jerusalém. Mas que deus é esse?

Parvólio e Gulag se entreolharam. Mas Gulag achava que agora era a hora de provar que tudo na bíblia era a mais pura verdade. Solene, abriu a boca inspirada para fazer eclodir sua declaração mais íntima de fé pétrea nessas escrituras. Falou e disse:

— O Espírito Santo habita em nós pela fé, e não nos deixaria errar quando oferecemos nossa mente em homenagem à verdade revelada.

Até Parvólío ficou boquiaberto com a declaração.

— Mas essa palavra inspirada se tornou uma pedra de granito pesada e fixada, para "sempre", conforme as garantias de fixação, ou, o que chamam, conforme os dogmas. Esses papas, inseguros e truculentos em tudo, pouco conhecedores de tudo o mais, se agarraram em dogmas, para garantir que ninguém abriria uma porta que pudesse mostrar a liberdade de expansão do humano em pessoa. A regra do dogma diz: todos estão trancados num cubo eterno, sem portas nem janelas. Ninguém pode sair. O deus Javé assim o quis. O motivo é que só o papa é infalível em tudo que disser.

Gulag, mais estudado e culto para o padrão Parvólio, foi e tentou corrigir.

— Mas os pesquisadores, os teólogos, fazem estudos aprofundados das escrituras e fornecem colaboração aos papas para fazerem seus pronunciamentos.

— E você deve ter percebido, retrucou o Pesquisador, que os teólogos não podem dizer coisas, nem descobrir coisas que contradigam o regime de moradia no cubo.

— Regime de moradia no cubo?! - gritou Parvólio.

— Sim, o dogma são frases, formulações consideradas definitivas para todos os séculos. E todo mundo deve engolir isto e fixar esse cimento dentro de si. E esse é o cubo.

Quem tentou sair, foi queimado numa fogueira em praça pública. O frade Savanarola, foi queimado numa fogueira diante da igreja em que ele trabalhava. Era o século XV. Para servir de lição. E o papa fez isto inspirado pelo Espírito Santo. Javé adorou: "Sangue novo!", terá exclamado.

— A gente tem que respeitar as decisões de um papa que foi eleito por indicação divina, — resmungou Gulag.

— Sim, respondeu o Pesquisador. Acabei de falar isto. O papa é o enviado do divino Javé, o ser do misterioso tetragrama, que ninguém sabe donde saiu - YHWH. Para essa gente, inspirada!!!, quanto mais misterioso melhor. É só entregar a própria cabeça e pronto.

Veja só isto. Girólamo Savanarola resolveu ser frade dominicano. Mas foi Domingos de Gusmão (do século XIII) que fundou essa ordem de frades - dominicanos. E foi feito São Domingos (foi elevado ao pódium dos maiorais, por um papa que também foi dominicano) era um tipo de *serial killer* coletivo. É dele que veio a idéia da Inquisição que matou e queimou centenas de milhares de devotos que discordavam dos papas. Fogueiras na praça, com arquibancadas para todos contemplarem o poder dos dogmas nas mãos dos papas, bispos e frades. Havia arquibancadas para assistirem o funeral de pessoas vivas. Labaredas de fogo na praça se misturavam aos gritos agonizantes de homens, mulheres e até de adolescentes.

Pois bem, a Ordem Dominicana tem seus regulamentos, sua filosofia de vida e de trabalho (uma teologia). Embutida nessa teologia dominicana está a visão dogmática de São Domingos. É tão atroz e violenta que os que seguem essa teologia se tornam violentos e matadores. Só para dar um exemplo, aqui na América do Sul, um outro frade Domingos, que veio trazer a salvação (ou abuso), descobriu que índios do povo Inca fizeram um culto aos antigos deuses deles. Eram centenas de fiéis. O frade Domingos os prendeu e os torturou durante dias, para aprenderem a abandonar os velhos deuses e seguirem a fé salvadora de Javé, o deus pai. O resultado foi que cento e cinquenta índios morreram em decorrência da violência dita salvadora, sem falar nos que ficaram feridos e traumatizados. Essa violência se mostrava também, na prisão de centenas de crianças em campos de concentração, no Peru, proibidas de falar a própria língua. Deveriam permanecer em total silêncio, só podendo falar em latim ou espanhol. Viram?! O dogma é bondoso. Salva! Em latim. Tudo isto está documentado.

Violência e morte, tal é o resultado do dogma. O cubo sem portas nem janelas. O cubo é o totalitarismo teológico, o próprio totalitarismo da religião. O conteúdo é expresso na frase "quem pensar por si próprio, tem que morrer".

Gulag se mostrava cada vez mais ele mesmo.

— A verdade da fé está acima das pessoas, - disse ele. É preciso salvar a fé contra os ataques dos maus, - garganteou, imitando Torquemada.

— Acho que concordo com você. Os maus mostram o cubo que o dogma construiu. Os maus são maus porque são de fato um mau negócio para o poder de morte dessa tua teologia disfarçada de ganância de poder. - Foi a resposta do Pesquisador. Se você conhece os motivos da primeira Cruzada organizada por um papa, e foi contra o sul da França, você vai descobrir que os católicos da região tinham se afastado de Roma e dos bispos porque as orgias do clero de Roma eram além de escandalosas, muito caras. Os franceses pararam de pagar impostos ao papa. Foi aí que o papa reagiu. E a Cruzada Albigense durou quarenta anos de cerco e matança nas cidades do sul da França, com um milhão de mortos, conforme registros. Isto sem falar dos 200 católicos queimados em Béziers, por discordarem do luxo, das orgias, e do autoritarismo papal e clerical. Os monges cistercienses e Domingos de Gusmão, fundador da ordem dominicana, estavam na frente da batalha, empunhando suas espadas.

Assim, defender o dogma era defender o poder e as riquezas papais. Quem pensar diferente tem que ser morto.

— Eu nunca fiquei sabendo disso. Você tirou isso de onde? - perguntou Parvólio ao Pesquisador. Pelo menos sobre Moisés que é muito mais antigo, nós temos informações firmes e trazem iluminação para os que seguem a religião. Moisés trouxe a boa notícia de que Deus cuida dos seus filhos. Deus mostrou que é o bem maior. Não vejo mal que Deus seja também um dogma. Não vejo que Deus tenha prometido morte para Moisés e o povo. Deus prometeu uma Terra para Moisés, a Terra Prometida, como sagrada promessa.

— É isso mesmo, - arrematou Gulag para fazer maioria.

— Esse deus de Moisés começou por anunciar a morte de centenas de milhares de crianças e adolescentes - os ditos primogênitos das famílias de todo o Egito, na época. Sim, o Egito deveria conter centenas de milhares de famílias. Era um país império. A morte também foi requerida para os filhotes dos animais.

Taí, sacrifício sanguinolento de crianças e animais. O trecho da bíblia diz que ele mesmo daria um jeito nisso, ou um anjo, dá na mesma. Javé, o deus de Moisés, usa da morte para ostentar seu poder e intimidar o faraó. Segue o esquema de sacrifícios de crianças e animais, cujo sangue lhe é agradável. Paulo de Tarso segue esse esquema para criar o Jesus Salvador de todos. Deus pai adora sangue. Aí sua ira se aquieta.

Como vocês piedosos fiéis podem aceitar a matança de crianças e animais, apenas para provocar um faraó? Como podem vocês se alistarem ao lado de um deus matador genocida?

Se alguém fizesse isso no bairro onde vocês residem, como vocês classificariam o autor do massacre? Não o chamariam de "demônio"? Pronto, esse deus de Moisés se mostra como um demônio. E "demônio" fica sendo sinônimo de "deus". E aquilo que vocês chamam de "teologia", é também a mesma coisa que "demonologia".

— Acho que você está equivocado, - retrucou Gulag.

— Acorde, amigo. Sempre que há um deus, há um demônio. O demônio se esconde atrás da ilusória palavra "deus". Deus é a matriz das ilusões.

Parvólio não acreditava no que estava ouvindo. Seu mundo ficou turvo, sua cabeça rangia como um eixo de carroça sem graxa.

— Existem palavras, completa o Pesquisador, que são senhas. São códigos secretos que escondem uma hipnose que entorpece qualquer lógica de raciocínio. Por sinal, essas palavras-códigos induzem a pensar o que elas querem. Elas transportam um querer que não é o do fiel devoto. É o querer de outro. E esse outro é o que se esconde na doce palavra "deus". Quando o pregador ou a catequista pronunciam a palavra "deus" estão narcotizando a mente do seu discípulo.

Dentro desse pacote "deus" vem um número sem fim de ilusões. Com ele vêm ilusões como "ajuda" (nos perigos, na saúde, nos ganhos, nos sonhos, nas metas da vida), "proteção", "salvação eterna", "vida eterna", "paraíso", "sentar à direita do pai", "perdão de pecados", "ser um escolhido pela graça", "carismas pessoais", "verdade eterna", "sabedoria infinita", e muito mais.

O repertório das ilusões atende a todos os fregueses. E cada um acrescenta novas.

Vocês ficam ancorados naquele que se esconde atrás da palavra "deus". E aquele que aí se esconde começa a pensar no lugar da cabeça de vocês. Algo pensa em vocês, diria Lacan, o investigador da psique humana. E esse algo não é o "objeto a".

E o "objeto a", segundo Lacan, designava o objeto do desejo, desejo movido pela libido. Um desejo inesgotável de plenitude inalcançável. Pois é, "deus" fica sendo o "objeto a" dos trouxas. E trouxas são os que ficam ligados na máquina das ilusões de um deus feito para videogames. Esta ligação torna os trouxas meras figuras robóticas dos combates e massacres dos videogames.

Gulag intervém, incrédulo no que ouvia.

— Você está indo longe demais.

— Estou só no começo, amigo. O deus de Moisés não massacrou centenas de milhares de crianças e animais? E tudo para ilustrar a Moisés quem era ele, o deus. Vocês também nunca ouviram falar daquela estela de argila, uma coluna de 80 centímetros de altura com escrita cuneiforme, guardada num museu da Europa. Nesta estela de argila consta que Gudea foi rei e sacerdote e construiu um palácio para Ninurta, o Senhor de Lagash (no Golfo Pérsico), há 23 séculos atrás. A inauguração do palácio, com a presença dos Senhores do alto, vindos das naves em órbita, foi feita com o sacrifício de duas mil crianças e animais. Era o banquete para os senhores das naves, os senhores altíssimos. Está escrito. Documento aceito e comemorado por arqueólogos.

Viram como a historieta sobre Moisés e seu deus é um monte de trapos mal costurados? Aí está mais uma cópia adaptada, para dar importância à figura criada pelo escriba que queria emplacar a figura de um Moisés cheio de atribuições, dadas por um deus configurado como poderoso.

Sacrifícios humanos e de animais: era a marca desses senhores do alto. Eles se alimentavam também de humanos. Humanos eram como macacos para os índios. Carne para alimento.

O estranho é que Moisés, pela caneta do escriba, aceita compartilhar o projeto desse deus. A morte dos primogênitos era a afronta racial contra os egípcios, visto que os primogênitos eram sempre os fundadores de novos clãs familiares, incumbidos de preservar a raça e as gloriosas tradições. Javé ensina o ódio racial. Aí está um racismo teológico, ou demonológico, como queiram. Essa afronta racial queria afirmar a dominância da raça dos hebreus. Sim, nenhum hebreu pediu esse favor horrendo. Mas o Javé forçou a barra. Comigo é assim, insinuou. Bem demonológico.

Gulag, bem agressivo e já sem argumentos solta seu hálito da rede de esgotos:

— O amigo Pesquisador anda cheirando crack, ha, ha, ha!

— Entre eu você, quem anda narcotizado com palavras ditas sagradas e que cegam a pessoa? Quem vive perdido num céu tipo Nirvana e segue todas as prescrições de comando robótico que é o que são os dogmas?

— Se nosso Deus falou para Moisés, é porque mostrava seu carinho pela humanidade! - alicerçou o pobre Parvólio.

— Carinho?! Eu tenho outra palavra para isto tudo. Quando o escriba fez a montagem da historieta sobre Moisés, na verdade ele estava lançando um panfleto, um manifesto, sugerindo isto a Marx.

— Gulag aproveitou para demonstrar seu conhecimento sem horizonte sobre a história, e arrematou - Marx está longe de Moisés, não acha?!

— Você está colado no tempo físico, Gulag, - consertou o Pesquisador. Se você se livrar do tempo, você vai conseguir enxergar melhor.

Em todo caso, o escriba tinha um propósito bem claro: lançar uma idéia de conquista de um poder indiscutível, de feitio divino. Se é divino, ninguém deverá pôr dúvida, serão submissos e se alistarão nas hordas que adotarão o programa de poder. Isto tudo se chama ideologia, Gulag. Um a ideologia passada por meio de uma historieta, com um herói plantado no papel, mas vivo como num filme de James Cameron ou Franco Zeffirelli. Veja Gulag, o escriba de Moisés, Cameron ou Zeffirelli estão juntos nessa disposição de encenar as mais procuradas ilusões. Os humanos se enchem de orgulho de verem suas ilusões mais altaneiras como coisas vivas e apoteóticas nas telas dos cinemas. A ilusão originária do poder é reforçada pela ilusão comovente dos efeitos especiais. O escriba tinha seu modo de criar efeitos especiais. Os cineastas acrescentam o refinamento da tecnologia. E tudo, do escriba e dos cineastas, não passa de encenação, uma aparência que remete o incauto ouvinte e admirador para onde ele quer ir, a servidão ao deus Javé demônio.

Esta historieta sobre Moisés é tão cheia de acrobacias e ajuntamento de dados impossíveis, que os cineastas viram nos elementos da narrativa um cenário para um bom filme. E o fizeram. Sucesso de bilheteria. Eles contavam ainda com a crença popular, a submissão ao conceito de verdade divina. O filme expressa essa verdade divina com um cenário estonteante e massacrador bem acima de toda a fantasia dos fiéis sempre dispostos a tudo. A fantasia dos cenários corrobora o mundo de ilusões em que vivem os fiéis. Adoraram. Claro, foram mobilizados pelos códigos ocultos presentes nos termos usados pelo escriba. É como colocar um ímã numa superfície cheia de limalha de ferro. Atrai com força irrecusável cada partícula. O escriba de Moisés e os cineastas jogam o mesmo jogo.

A ideologia do escriba, vinha na sua cabeça, como palavras do deus oculto no fogo do arbusto em labaredas de fogo. O escriba ouviu o deus, o deus que propunha mortes e mais mortes. Moisés deveria passar a fio de espada os povos (cidades e aldeias) que encontrasse pelo caminho rumo à Terra Prometida. E o Javé dizia para não dialogarem com ninguém. A espada já era a fala de Javé.

A Terra Prometida acenava com abundância de bens. O povo hebreu seria o povo a partir do qual os demais povos se alinhariam. O povo escolhido seria o próprio representante do deus Javé, o poderoso, implantando seu reino como uma Terra Prometida. Esta Terra Prometida se explicita melhor como o Terceiro Reich, ou o estado onde foi implantada, sempre com massacres, a ditadura do proletariado. Do mesmo modo como estes Reich, a Terra Prometida foi concretizada como um mar de sangue humano e gritos de terror. É só ver as narrativas que se seguem no livro do Êxodo e nos livros seguintes dessa bíblia para ver que a missão era uma conquista a ferro e fogo. E com o detalhe que os jagunços de Moisés e Josué deveriam saquear as aldeias e cidades levando o ouro, a prata, o bronze, e tudo mais que tivesse valor, mesmo jumentos.

— Não vejo de que jeito isso pode ser assim como você diz.

— Ora, Gulag, respondeu o Pesquisador. A proposta do escriba é um manifesto sobre a Nova Ordem Mundial, lá daqueles tempos. Não leia as coisas no "tempo" físico. O lá e o cá, fora do tempo físico, é uma coisa só.

Esta proposta foi montada a partir de um deus, e deus é inatacável, para esse povão. Deus é o supremo regulador de tudo. Todos devem a ele obediência, porque, se não, o castigo vem forte. Todos intimidados aceitam o jugo.

Enfim, o livro do Êxodo, a historieta sobre Moisés, é um manisfesto em que aquele Javé é o supremo comandante, e ele tem a verdade última, e todos os povos precisam entrar sob seu jugo, a partir de um povo que ele teria escolhido. Se um deus estabelece isto como o caminho para os povos, isto tem um nome: totalitarismo. Apenas um totalitarismo ideológico.

O totalitarismo ideológico, é estampado com a figura de um "deus". Dizer "deus" ou "totalitarismo", é dizer a mesma coisa. E esse totalitarismo sempre irá se apoderar de tua liberdade, e se imporá como sendo tua consciência. Você pára de existir. Você vira zumbi dedicado. Porque você entrega a própria essência de si para o uso e abuso desse deus. Não foi assim que aconteceu com os devotos de Fidel Castro, com os devotos de Lenin ou Stalin, com os devotos de Hitler, todos socialistas? Dizer deus Javé, ou Stalin, ou Hitler é a mesma coisa. Não é mesmo Gulag? Cada um deles é visto e ovacionado como o absoluto, a verdade suprema, a vontade única que emascula todo devoto de sua vontade pessoal.

Por isto Gramsci, o tolo cínico, ensinou, biblicamente, que a entrega de si à doutrina - qualquer que seja - faz da pessoa um zumbi enlouquecido e dedicado a esta doutrina. Não existem armas de fogo capaz de vencer os grupos possuídos por uma doutrina. A doutrina se torna um todo avassalador que toma posse da pessoa e que assume o comando no lugar da própria essência da pessoa. A doutrina, a ideologia, faz da pessoa o míssil que se lança contra os outros. Esse todo doutrinário - totalitário -, cria as facções criminosas, os MST's do clepto-socialismo brasileiro, as células de guerrilheiros e terroristas dos partidos políticos do clepto-socialismo brasileiro.

O Pesquisador parou um pouco de falar, estava já sentado nas escadarias de acesso ao prédio da faculdade. Olhou ao redor e viu que mais uns cinco ou seis estudantes estavam no grupo com Parvólio e Gulag. Ouviam curiosos, mas atônitos pelo que foi dito aí. Uma moça aproveitou o espaço e questionou.

— Mas o senhor não acha que está agredindo a instituição mais sagrada da humanidade, até hoje sempre defendida e atacada, mas nunca derrubada? Está escrito que "as portas do inferno não prevalecerão contra ela".

— Cara aluna, retomou o Pesquisador, o inferno não luta contra seus próprios fundadores.

— Gulag sacudiu a cabeça. - Então você acha que os que crêem nesta história de Moisés, por exemplo, são os fundadores do inferno?

— Que você entende por inferno, amigo? - diz o Pesquisador no contraponto. - Você acha que o inferno é esse lugarzinho descrito por Dante Alighieri e pelos devotos da igreja? Nada disso, amigo. Isso é dito para criancinhas que se preparam para os rituais de canibalismo de comer a carne e beber o sangue do galileu morto, que é aquilo que chamam de primeira comunhão. Por aqui você já deve ter percebido que Gramsci, da escola de tolos, se inspirou nessa prática dos cristãos de doutrinação desde tenra idade. E não há mais quem tire da cabeça a alucinação implantada por catequistas e pregadores, professores universitárias, todos abusadores de crianças e adolescentes. Cameron ou Zeffirelli fazem um filme sobre um tema cristão, e os cinemas ficam lotados pelos cristãos atraídos, como zumbis, para a sala das ilusões alucinatórias.

A doutrinação canibal é feita e fica sendo aceita como meio de salvação, que livra de um inferno inexistente, num lugar inexistente.

Essa doutrinação que se faz pregando uma doutrina totalitária, gera indivíduos sem vontade própria. E eles captam que a doutrina exige deles a entrega da própria vida, para sustentar a doutrina por séculos e séculos.

Acho que respondi à questão colocada pela cara aluna. Notou? Os cristãos entregam sua vida para mantenimento da doutrina e a propagam de geração em geração. O mundo ficou melhor por causa dos cristãos? Não foram os cristãos que vieram às Américas para colonizar e saquear ouro, madeira, pedras preciosas? Eles diziam "levar a fé e o Império inda além de Taprobana". A fé e o império chegaram por aqui e cerca de quarenta milhões de índios foram ceifados para alimentar essa fé e esse império. Isso é ritual satânico sociológico. O ideal de Moisés estava em curso. O povo de deus - os cristãos como igreja - deveriam levar o reino bíblico e dominar todos os povos da Terra. A missão de Moisés, tanatológica, se mantinha presente na igreja que nasceu de um descendente dos hebreus de Moisés, Paulo de Tarso, turco. A Nova Ordem Mundial ia fazendo seu trajeto de mortes e destruição, de pilhagens e miserabilização dos povos submetidos. É só lançar o olhar para os povos das antigas colônias dos cristãos.

E o inferno onde fica nisso tudo? - perguntou o aluno sentado mais acima da escadaria.

— Grande pergunta, amigo. - O Pesquisador se vira um pouco no degrau da escada e pontualiza:

O inferno é a destruição genocida das pessoas e povos, através de uma doutrina totalitária, uma religião, um socialismo. Os zumbis cristãos mortos-vivos, possuídos pela doutrina, se põem a executar o projeto do manifesto socialista de Moisés: todos devem se submeter ao messias que vem pelas nuvens julgar os vivos e os mortos e que põe a raça escolhida para governar os povos e estabelecer a Terra Prometida em todos os confins da Terra. Um só povo e um só pastor. Totalitarismo que produziu o absurdo da infalibilidade absoluta papal e o absolutismo dos reis. Fascismo como meta global. O cenário do inferno, porém, não acaba aí.

— Mas o senhor falou aí de "raça escolhida". Não é uma distorção dos textos bíblicos? - Alfinetou outro aluno na escada.

— É o que está escrito na dita bíblia. É coerente. Se o deus Javé quer dar sumiço na raça egípcia (por ser o grande império da época), matando os primogênitos de todas as famílias do país, e se o deus Javé diz que agora os hebreus seriam seu povo e sua raça, deixa claro que seu reinado será o de uma raça sobre as demais. Este é outro item componente do inferno.

Trata-se da dominação totalitária sobre os povos, através de uma doutrina totalitária assumida como tarefa de uma raça. A raça, que se considera a melhor, transforma esta concepção de ser a melhor raça, na concepção de um totalitarismo ideológico.

A raça se absolutiza. Daí fica fácil personalizar isso na figura de um deus. Esse deus e essa raça se fundem numa coisa só.

Nega-se aí o direito de outro povo ser uma raça diferente, estabelece-se o racismo teológico - ou demonológico, como queira -, e justifica-se a eliminação dos grupos étnicos em diferentes regiões do planeta, como fizeram os cristãos em todo planeta com seu afã missionário colonizador. Assim também fizeram os outros povos que adotaram uma doutrina totalitária. E a doutrina sempre busca o poder total de dominação sobre todos os outros.

Essa busca do poder totalitário, a partir da doutrina adotada como a ideologia total, se mostra na busca da Rússia em dominar todos os grupos eslavos, através do totalitarismo ideológico adotado - o socialismo marxista. A busca do poder totalitário se mostra também pelos japoneses, por sua doutrina totalitária imperial, invadindo a região ao seu redor, China, o leste asiático e grande região do Pacífico. Os japoneses foram os criadores explícitos do martírio como arma letal de um devoto zumbi dedicado ao Imperador - também considerado deus -. Criaram os Kamikazes. Os que davam a vida pela doutrina encarnada no Imperador deus. É o que se pede dos cristãos. A missão mosaica de domínio universal, vale mais que a própria vida de cada cristão. Para os cristãos, o mote é o "reino de deus", com "um só rebanho e um só pastor". Acrescente que o pastor se mostra como o papa infalível, cujas palavras devem ser vistas como a definitiva comunicação do deus dele. Tudo inquestionável.

Essa declaração da infalibilidade pontifícia foi feita no grito e no tapa. Corre o ano 1870. Bispos que eram contra isso foram esbofeteados pelo papa da época, o desditoso Pio IX ansioso de poder. Esses bispos discordantes conseguiram fugir do Vaticano, pois era a ocasião do concílio Vaticano I. Foram ameaçados de prisão.

Todo totalitarismo ideológico quer se tornar a Nova Ordem Mundial. E como o papa atual aderiu ao socialismo, homogeneizou o cristianismo e o socialismo na pregação explicita da Nova Ordem Mundial. Adotou o itinerário. Sucumbiu ao poder totalitário mais abrangente, já que o cristianismo anda meio trôpego. Pôs-se a seu serviço, como um kamikaze narcotizado pelo último gole de saquê, antes de partir para o suicídio mortífero.

O totalitarismo ideológico religioso ou socialista, ou imperial, é o objetivo primeiro. As mortes são o resultado. De certo modo, porque os que se deixaram possuir pela doutrina, pela proposta de outrem, entregou sua vida a essa ideologia. Morreu para si próprio. Virou zumbi. Paulo de Tarso, o fundador da igreja dos cristãos, dizia: "não sou eu que vivo, é Cristo que vive em mim". Se declara possuído por outro. Algo que fala dentro dele. Ele é apenas voz passiva.

Lembrem-se, o escriba da historieta de Moisés criou o arbusto em labaredas que tinha uma voz que falava para Moisés. Na verdade, a voz falava dentro do escriba, comandava e manipulava. E sabemos que a voz foi identificada como o sinistro Javé, deus que se apresentava para ser o guia do povo Hebreu. E esse deus destinou à morte centenas de milhares de crianças egípcias e animais. Esse deus ordenou que Moisés passasse a fio de espada as populações que encontrasse pelo caminho rumo à Terra Prometida. Os hebreus só poderiam salvar os bens das vítimas, o ouro, a prata, o bronze, as pedras preciosas, os tecidos finos, os jumentos... e carregar consigo.

Ou seja, esse deus é o próprio criador do inferno. É o demônio. Para chegar ao ideal da Terra Prometida, é preciso matar e matar. Depois, saquear, saquear. Como sempre fizeram os cristãos e como repetem os socialistas. No caso brasileiro, os partidos de esquerda se mostraram claramente clepto-socialistas. E propuseram, publicamente, a morte dos burgueses (lembram?) e avisaram que haveria derramamento de sangue. Como os cristãos, os socialistas estão com uma visão anacrônica do mundo social. Usam conceitos ultrapassados, de uma sociedade de séculos atrás, como se fossem códigos mágicos e amuletos imitando as dramáticas fitas mágicas do Senhor do Bom Fim.

Nessa altura, o grupo que estava sentado na escada perguntando e questionando o Pesquisador, estava quieto demais. Até que Parvólio aspirando bom trecho do ar, quis expulsar essa nuvem que entrou na sua cabeça.

— Nossa conversa, Pesquisador, era para a gente visualizar melhor o que você disse a respeito do destino do mundo.

— Verdade, Parvólio. O meu tema, não era o fim do mundo, e sim saber em que consiste o universo. Mas saber aqui, não indica um conceito racional, lógico. É simplesmente uma percepção. Escolhi esta palavra e a isolei da lógica. A percepção é o modo como uma pessoa se dá conta do real. Mas para se dar conta do real, precisa estar fora do real. Mas estar fora, não é um expressão espacial. Para acessar à percepção, você não se retira para uma caverna ou montanha, como fazem os monges. Você não vai para um mosteiro, ou para uma cachoeira. Não se trata de ir para um outro lugar. Assim, desvendar o "real" do universo, não é sair fora do universo. É sim perceber o que seja o universo.

A percepção é um acesso a informações muito próprias. Essas informações não estão ao alcance dos conhecimentos monitorados pela ciência ou pela lógica, quaisquer que sejam. As informações que a pessoa colhe pela percepção, não têm como objeto o mundo abordado pela ciência ou pela racionalidade.

Por isto falei logo no início que esses conhecimentos que as pessoas carregam em sua cabeça, como um acervo, uma biblioteca pessoal, se fazem obstáculo à percepção. A pessoa está cheia de pacotes culturais.

— Pacotes culturais? - balbuciou uma moça de cabelos thread.

— Isso mesmo. Exemplo de pacote cultural, um menino aprende desde pequeno que tem que ter um time de futebol, e nesse assunto ele também vai aprendendo a escalar os jogadores de seu time, depois ele vai ficar sabendo sobre a organização dos campeonatos e mil coisas referentes a resultados como campeonatos, medalhas, o melhor jogador, etc. De modo geral, esse pacote faz parte do sentir-se cidadão, alguém que sabe as regras do mundo do esporte e se sente inserido em sua sociedade. Mas ele tem um time. Ele torce por aquele time. Ele se identifica com aquele time.

Está aí. O pacote cultural domina a pessoa. A pessoa vibra, chora, ri, se lamenta, a partir do que lhe prodigaliza o pacote cultural. As torcidas organizadas se tornam até criminosas e assassinas, para servir o que vem embutido no seu pacote cultural. Todo pacote cultural conduz dentro de si um preceito de ódio e de morte. O pacote cultural é outra forma do dogma. Ele se põe como o lado infalível da verdade. Os que o contradizem devem ser eliminados.

Mas também é um pacote cultural toda uma visão sobre o ser humano e sua origem. Um pacote cultural vai lhe dizer que o homem veio por criação de um deus. Outro pacote cultural vai dizer que veio por evolução de macacos. Pacotes culturais instilam a necessidade de ter uma formação universitária ou técnica para se adestrar profissionalmente. Religião, política, visão econômica, "viver a vida", o destino do homem, o avanço da civilização, são expressões que indicam muitos outros pacotes culturais. Mas todos eles trazem consigo o mandamento do ódio, do conflito contra os outros que seguem outros pacotes. O pacote cultural é o dogma e sua proposta se põe como uma verdade infalível, a ponto de transformar alguns indivíduos em ícones de sua afirmação dogmática, definindo-os como infalíveis.

É a partir desses pacotes culturais que a pessoa se põe no mundo social e defende este ou aquele ponto de vista. Os pacotes culturais lhe ditam o caminho, as atitudes e tudo o mais que venha fortalecer o próprio pacote cultural como o mandatário da vida da pessoa. A pessoa se torna a serva dos pacotes culturais.

A pessoa vê nesses pacotes culturais a sua segurança, a sua imagem, o seu horizonte de sucesso.

Na verdade, as pessoas são recheadas de pacotes culturais. Elas são a mostra dos pacotes culturais. Qualquer coisa que se diga contra um desses pacotes deixa a pessoa bem desconfortável, e até irada. Mexer nalgum desses pacotes, é como arrancar um pedaço de sua pele com as unhas. O próprio corpo da pessoa, sua obesidade ou seu corpo bem cuidado, refletem pacotes culturais.

Continuamente a pessoa está alimentando seu acervo de pacotes culturais, e, quem sabe, de olho em novidades culturais que possam chegar. A tendência é adotar tudo isso como sua autodefinição. A pessoa põe nesses pacotes culturais a sua chance única de sucesso existencial, de sucesso profissional ou afetivo. Para esta pessoa, esses pacotes culturais são a chave de conquista de suas grandes metas.

Ela só não vê que esses pacotes são a tela onde se projetam suas ilusões.

— Não vejo mal nisso, - argumentou Gulag. Como viver sem esses seus "pacotes culturais"? Tudo cairia por terra, haveria uma desorganização total, cada um prá si.

— Verdade, Gulag. - Concordou o Pesquisador. Os pacotes culturais podem ser importantes aquisições de sobrevivência e de convivência coletiva. Note que quando falei em "universo", vocês entenderam "mundo", e quando eu falei em "sucesso do universo", vocês entenderam "fim do mundo".

Isto mostra o quanto um pacote cultural dificulta a comunicação quando alguém quer comunicar algo diferente. A pessoa que ouve se utiliza, inconscientemente, dos seus pacotes culturais para filtrar o que vai sendo dito por outro. E é assim que distorce o que se diz. Ela pensa que entendeu, mas não está sequer ouvindo o que foi dito, não consegue processar corretamente o que está sendo dito. Ela distorce o que ouve, e passa essa distorção para frente.

Como você vê, os pacotes têm se tornado um automatismo da fala, um automatismo da opinião pessoal. A pessoa se serve do conteúdo dos pacotes culturais para exprimir sua opinião pessoal. Neste ponto ela mostra que entregou a cabeça para o pacote, ou para aquele que o elaborou e publicou no mercado das opiniões.

A pessoa que repete os conteúdos dos pacotes, se fez cativa da opinião alheia. Ela está impregnada da forma de outrem, ela se apresenta como alienação de si mesma.

Essa alienação se mostra clara nas manifestações socialmente mais salientes de vinculação a pacotes culturais como a religião, como a entrega de si a uma determinada ideologia diferente da religião (tipo socialismo, evolucionismo), e ainda como a defesa dos parâmetros do conceito "família", e em alguns casos, do conceito de "raça".

Veja o caso dos clepto-socialistas brasileiros que se servem de teorias e análises de sociedades de séculos atrás, como cortina de fumaça. Esses clepto-socialistas (partidos de esquerda, que muito roubaram dos cofres públicos e criaram quadrilhas e perpetraram crimes diversos camuflados de partidos políticos), esses clepto-socialistas engoliram pacotes culturais de fontes socialistas e ficaram repetindo o quadro mental alheio, mecanicamente. O quadro mental alheio se tornou o opressor que entrou neles. Tais socialistas clepto-zumbis ficam sendo os porta-vozes alienados de pensadores destrutivos de séculos atrás. E como são hospedeiros de um pacote cultural alheio, se fazem alienados que impingem a outros, como manda o pacote cultural, o esquema neles impregnado. Com isto, fazem de seus ouvintes, em geral jovens manipulados, outros oprimidos. Os que se entregam a pacotes culturais, entregam sua liberdade à cabeça alheia, e se tornam alienados. A máquina da manipulação é própria dos pacotes culturais. Neste caso são a forma do dogma e querem ser vistos como infalíveis.

A tendência do alienado, hospedeiro de um pacote cultural, é de se tornar missionário, pregador desse pacote como a verdade definitiva. Tal é a cegueira do alienado, do servo de pacotes culturais. Nisto Gramsci, o sinistro alienado, foi um mestre. Ensinou que a divulgação dos pacotes culturais socialistas envenenaria uma sociedade inteira, dificultando sua remoção por parte de estratégias educacionais de superação dessa manipulação. Gramsci era o próprio alienado hospedeiro de pacotes culturais de outras culturas. Por isto ele ensinava o método da alienação para toda uma educação de adolescentes e jovens, como fazia o missionarismo cristão com suas catequeses. O cristianismo se esmerou na manipulação de crianças e adolescentes. A ânsia de se apoderar das liberdades individuais como meio de multiplicação de sua clientela, levou os catequizadores a uma metódica e impingida prática de injetar pacotes culturais (bíblicos e evangélicos) nessa clientela involuntária. Pressão e autoritarismo fizeram dos cristãos uma massa de hospedeiros da opressão religião.

Um estudante de cabelos alvoroçados foi chegando e se assentou ao lado de Gulag.

— Qual é o papo? - perguntou.

— Não sei bem, - disse uma moça -, mas acho que é sobre cultura.

— Ah! Tá bom prá mim, - garantiu o estudante do curso de Direito e Magia da Cartola.

Mas o Pesquisador resolveu colocar o assunto na mesa para aquele que chegou atrasado poder se situar.

— Para você que chegou em nosso anfiteatro de escadaria, sim, estamos passando os olhos no caso da cultura, que sempre é um acervo de formas culturais. Chamei cada área de "pacote cultural". O motivo é que os diversos aspectos da cultura vão ficando condensados e cada vez mais ressecados como gesso. Perdem a flexibilidade, se tornam uma espécie de tábua de mandamentos para os cidadãos. Ai de quem não seguir esse ou aquele pacote da cultura. Fica malvisto. O pacote cultural é uma forma de controle e de pressão sobre as pessoas.

— O único jeito é se agarrar à palavra revelada, - disse o forasteiro recém-chegado, borrifando a platéia com seu pacote cultural de sagradas escrituras.

— Repare você, - emendou o pesquisador, que até há pouco estávamos lendo o texto sobre Moisés e sua saída do Egito. Nossa leitura dessa palavra revelada mostrou que o Moisés não era ninguém mais que o próprio escriba que bolou o texto. Não existiu um Moisés. O que existiu foi o escriba, escritor que inventou o personagem Moisés e também suas façanhas. O escritor, este escriba, se projeta nessa figura que ele chamou de Moisés.

Nunca houve uma voz fora, no arbusto em labaredas, falando para um Moisés atônito. O que houve foi o escriba escrevendo num pergaminho uma historieta que ele inventou. Mas ele queria passar um ideal que era o quadro da Terra Prometida. Uma terra cheia de riquezas, e sede de um poder como supremacia, um local de habitação dos hebreus, como um povo escolhido do deus do escriba. Acontece que essa Terra Prometida nunca existiu, nem Moisés viajou para lá. Foi uma criação do escriba, uma grande ilusão, para atrair a atenção dos hebreus e mobilizá-los para um luta armada de conquista da região dita hoje Palestina e adjacências. Seria preciso - sob o comando e participação do deus Javé - partir para o massacre dos que habitavam essa região. E se apossar de tudo.

Aí está, uma ilusão vende o projeto, assanha a vontade de se apoderar das riquezas, e atiça o ódio destruidor sobre os que lá estão usufruindo, há séculos, do que era seu. Essa ilusão tem a força de deslegitimar o que a história dos povos da região lhes garantiu.

A palavra revelada falava na cabeça do escriba. E a voz que falava era a do Javé, que se mostrou extremamente genocida, identificando-se como um demônio.

A voz falava a palavra sagrada e revelada. É assim que dizem para os fiéis seguidores disso tudo. E, como vocês podem ver, sempre que aparece algo que se diz "sagrado" ou "revelado", esse algo esconde o maligno, dito demônio, por trás.

— Mas professor, como você pode dizer uma coisa dessas? - protestou o jovem estudante recém-chegado.

— Caro aluno, nosso assunto era sobre isto mesmo. Quando a gente mostra que por trás da fantasia tem algo muito feio, as pessoas se assustam e protestam, Claro, o pacote cultural, a doutrina introjetada na pessoa se sente agredida e não quer ser desmascarada. A "fala" misteriosa se levanta para combater quem a desmascara.

As pessoas carregam pacotes culturais pré-formatados. E esse pacote não a deixa ver o que realmente se passa. A pessoa que ingeriu um pacote cultural, começa a se comportar pela programação inserida no pacote. A pessoa perde a capacidade de ver, perde a capacidade de perceber e ficar de fora da neblina densa que distorce a visão.

A pessoa possuída por um pacote cultural, se torna defensora do pacote, porque desde aí, a pessoa já não é mais ela mesma, e sim a voz que entrou nela através do pacote. E a voz que fala dentro dela, a mesma voz do escriba, assume o comando da vida desta pessoa. A voz que se aninhou dentro da pessoa, põe essa pessoa a defendê-la para não sair mais dali. Foi o que aconteceu com o escriba e seu Moisés. Moisés colocado como herói, se torna a matriz exemplar para os que irão adotar esse ideal de se apoderar de uma Terra Prometida. E quem adota essa proposta, deixa a voz entrar em si, e a voz dará os comandos. Mesmo que a pessoa tenha que perder sua vida.

— É isso, meu estudante, - reforçou o Pesquisador. Os pacotes culturais trazem o Javé para dentro das pessoas, e o Javé é como aquele verme que infecta na forma de neurocisticercose que se aloja no cérebro das pessoas e o verme se faz o dono total da vida e da saúde da pessoa. Vai aleijando-a aos poucos. Tal é o poder da voz da revelação.

Uma moça, sentada num degrau da escada mais abaixo, demonstrando não se importar com o que se dizia nesta tertúlia discursiva, fez uma observação que exprimia o que ela estava captando disso tudo.

— Então tudo que é da cultura é venenoso ou só essa história da bíblia?

Parvólio não gostou. Será que o pessoal já está mudando de lado? Sentiu-se na obrigação de intervir.

— Venenoso por quê? A bíblia tem coisa venenosa? Impossível.

— É venenoso dependendo do uso que uma pessoa vai fazer da história narrada ou da escritura, o conteúdo, - arrematou o rapaz de cabelos agitados.

O Pesquisador demonstrou simpatia pela pessoa, sorriu e continuou.

— São duas coisas, caros estudantes. Uma coisa é o "conteúdo". Outra coisa é "quem está trás" desse conteúdo. O escriba de Moisés apresenta um projeto cheio de atrativo, a conquista da Terra Prometida". Este é o conteúdo. Mexe com muita força nos ideais da pessoa. É uma ilusão e tanto.

Depois o escriba introduz a voz que fala dentro das labaredas de fogo no arbusto diante de Moisés. A voz é quem põe na mesa o projeto da Terra Prometida. É uma voz que fala, mas que não tem cara nem corpo. Por isto ela se torna tão misteriosa. Todo mundo pode imaginar o que quiser sobre essa voz que se mostra nas labaredas. E, neste ponto, as pessoas se deixam levar por mil imaginações sobre o poder e a magnitude desse que fala. As imaginações que a pessoa carrega a induzem a ser atenciosa e a abrir expectativas diante dessa voz. Se essa voz é assim tão misteriosa e promete tanto, o que não vem pela frente como dádiva dela?

— Mas o senhor que falou para Moisés foi generoso e bondoso trazendo sua força para libertá-lo da escravidão e prometendo estar sempre junto, - expandiu-se uma moça sentada perto de Gulag.

— Creio que o misterioso ser que falava, ofereceu grandezas e presentes como a Terra Prometida, mas - se oferecia alguma coisa -, pedia outra de volta como troca e compromisso. Ele queria o coração desse povo, queria que fossem sua raça, queria que o adotassem como deus em definitivo, isto é, prometessem sua submissão a ele para sempre.

Está aí a dita "aliança", palavra doce para indicar um "pacto" com esse ser. Não esqueçam que esse ser começou com a matança dos filhos das famílias e dos animais egípcios. Depois com o trucidamento das populações encontradas pelo caminho por Moisés. E um ser desse tipo, as culturas denominam "demônio".

Então, fazer um pacto com um demônio, só leva a uma escravidão maior ainda. O indivíduo tem que dar seu coração, combater por ele, para, dentro do pacto, receber em troca os presentes prometidos. Dá cá, toma lá, como fazem os políticos e seus designados nos três poderes de um país. O "dá cá, toma lá" é sempre a linha do pacto maligno. Vende-se a própria "alma" ao diabo, como se diz na gíria. O pagamento inclui a vida dos outros. É a corrupção se abrindo para um portal de onde vem tudo que é da escuridão.

O que o senhor Javé fez foi aliciar Moisés e o povo para lhe entregarem a mais preciosa liberdade. Porém, o projeto de dominação e de supremacia sobre todos os povos seria de Javé, a voz maligna que falava no arbusto em labaredas. Por sinal, demônios gostam de se apresentar no meio do fogo. Intimida mais.

A entrega da liberdade mais preciosa é quando o indivíduo entrega o projeto total de sua vida a outro. Ao entregar, o outro o leva daqui para lá, o carrega para todo canto. O indivíduo já não se pertence mais. As decisões vêm do outro. Foi o que aconteceu. As decisões vinham sempre de Javé, o totalitário. Foi neste ponto que apareceram os dez mandamentos. Quem manda é ele. Um pacote cultural para ser introjetado sem discussões. "Eu sou o senhor teu deus..." e fim de papo. Não se discute com o conceito de deus. Dizer "deus" é dizer o absoluto com quem o humano não pode contrabalançar a sua particular e humana opinião. Acatar um "deus" é se decidir a estar sempre calado. Será preciso se apagar por dentro. Mumificar a própria liberdade.

O conceito "deus" é um pacote cultural emasculador sob todos os aspectos. A pessoa fica um boneco de trapos. Uma marionete cheia de cordões. Vejam o que eu colhi de um livro dessa bíblia do Javé, na época em que Salomão tinha acabado de construir um templo de cultos. Foi aí que o próprio Javé aparece a Salomão (acreditem, fala-se aí de "aparece", mas Salomão nunca soube falar da fisionomia desse deus). Diz lá:

Uma noite o senhor apareceu a Salomão e disse:

Ouvi sua oração e escolhi este templo como o lugar onde quero que você me ofereça sacrifícios. Se eu fechar os céus de modo que não caia chuva, se eu der ordens aos enxames de gafanhotos para que acabem com todas as suas colheitas, ou se eu enviar uma doença que pegue em todos vocês como uma peste, então se meu povo se humilhar e orar e me procurar e se arrepender e mudar sua maneira errada de viver eu ouvirei dos céus as orações do povo, perdoarei os seus pecados e curarei a terra deles... (vejam isto no segundo livro das Crônicas, versículos 13-14).

Está aí todo o pacote cultural, perceberam? O templo é o banco onde se vai pagar as contas: sacrifícios. Os deuses do neolítico queriam sacrifícios de animais e de crianças...

Por que será que um deus vai querer sacrifícios, sangue e carnes de seres vivos oferecidos a ele? Bem estranho. Tão estranho quando Paulo de Tarso (dito São Paulo) dizer que o Cristo que ele criou de própria cabeça era o sacrifício que esse deus mais gostava. Que deus, hein?! Mortes, sangue humano para agradá-lo. A missa se tornou a repetição interminável desse sacrifício de sangue. E todo mundo vai à missa para comer carne e beber sangue de um morto.

É isso que faz o pacote cultural: faz das pessoas bonecos de trapos sem vida própria. E todo mundo acha isso normal. Mas culto religioso de canibalismo é que é anormal, minha gente!

Ah, sim. Lembram-se de que falamos que um deus que mata os primogênitos dos egípcios, humanos e animais, é o mesmo que um demônio? Aí faz sentido. Demônios são vampiros. E o pacto que ele faz com seu povo é próprio de um vampiro. Assim, o pacote cultural que introjeta deus na pessoa, é um pacote de vampirismo, onde a pessoa vai esgotando sua vida e energias para dar forças a esse deus. Transfere suas energias para esse deus. E a energia mais fabulosa é a liberdade da pessoa.

Voltando à citação do livro das Crônicas: primeiro esse deus ameaça com todo tipo de desgraças e diz que é ele quem decide quando deve haver desgraças. Intimida seu povo.

Depois oferece uma saída: se vocês se humilharem e orarem (isto é, reconhecerem o meu poder e abandonarem todo tipo de liberdade), aí então eu darei o docinho: curarei a sua terra.

Um deus arrogante e totalitário: vocês têm que se submeter, caso contrário as desgraças cairão sobre vocês. Neste caso o povo carrega um açoite na mente, no medo, no pavor.

Assim, o pacote cultural "deus" diz que tudo de mal e tudo de bom que aconteça com vocês vem desse deus. Portanto, andem de rabo entre as pernas, vivam no medo, façam orações a ele, isto é, mostrem que vocês estão atentos a serem submissos e sem vontade própria. Ele é o dono do destino de vocês. Sem saída. Façam o que ele mandar, mesmo matar multidões em guerras e traições, em fraudes e velhacarias.

Pronto, o deus fechou todo mundo num ovo, num cubo sem portas nem janelas.

— Poxa, professor, isso nunca falaram para nós. Tudo que nos falaram foi sempre sobre a doçura de um deus que é pai e que enviou seu próprio filho para nos salvar.

Essa reclamação veio de um aluno pálido, alto, e de olhar coberto por uma espessa e negra sobrancelha.

— Grande estudante, - continuou o Pesquisador-, nem deus é pai, nem enviou seu filho para nos salvar. Este é outro pacote cultural que se alinha com o do escriba de Moisés.

O primeiro pacote cultural é criação do escriba de Moisés que ouvia uma voz dentro dele. O segundo pacote do deus pai com seu filho sacrificado é criação do escriba judeu turco Paulo de Tarso.

Esse deus enfeitado de "pai" é uma criação de escribas que inventaram os evangelhos. Os judeus em geral, não acentuavam o deus Javé como um pai. Que seu "filho" (e deuses têm filhos? Eles também casam e emprenham mulheres deusas? Risos livres!), que este filho veio para salvar é coisa de Paulo de Tarso. O que Paulo de Tarso queria era encerrar em definitivo, a ligação da fé com os hebreus, fossem israelitas ou judeus. Paulo se irritava com a tradição judaica sobre deus. Paulo foi contratado pelos romanos na Palestina, para identificar, prender e até exterminar certos grupos de judeus ou de cristãos judeus. Todos sabem o quanto Paulo perseguia os cristãos dessa área.

Enfim, Paulo queria finalizar a tradição do judaísmo e começar outra em que ele seria o fundador. Para isto ele criou "aparições" fantásticas de Jesus em pessoa para ele. Mas isto é outra coisa inventada. Noutra narrativa ele diz que o próprio "deus" apareceu para ele, e não Jesus. E depois, nos seus escritos, fala de muitas e muitas vezes em que deus lhe falava. Era outro que tinha uma voz falando por dentro. Repete a experiência do escriba de Moisés.

Paulo colocava a figura de Jesus como ponto chave de sua pregação. Assim, para Jesus se mostrar o fundador como ele Paulo queria, precisava se desvencilhar da tradição do judaísmo religioso. Então a voz lhe falou que Jesus veio resgatar a humanidade (não mais o povo hebreu), e se ofereceu em sacrifício na cruz para conquistar as boas graças desse deus vampiro. Vocês sabem que Jesus não se ofereceu em sacrifício. Ele foi preso, sim, pelos romanos que costumavam matar na cruz quem estive agitando o povo, em território romano.

O que Paulo fez, foi colocar a idéia de sacrifício como padrão de fé. A fé significava, então, sacrificar-se ao deus. Se esse Jesus se sacrificou para conquistar as graças desse deus que gostava de sacrifício e de mortes, assim também os fiéis seguidores desse Jesus deveriam ter um comportamento igual. Sacrificar sua vida a esse deus. "Amai—vos como eu vos amei!" — uma bela cilada.

E ficamos no mesmo lugar. Deus, Javé ou pai, quer você como carne e sangue sacrificados a ele. Ele quer tua liberdade, teu destino tua essência. Esse deus precisa da essência de tua liberdade. E insiste que você deve "orar", "rezar" para ele. Orar e rezar significa uma constante afirmação de entregar a si mesmo a esse deus, que quer se saciar com tudo que você tenha. Você deve reconhecer que só ele será a fonte de seus ganhos. Se você fizer isto, ele promete te dar algo em troca, conforme os pactos feitos. Do fato de ele prometer não se conclui que ele dava o que prometia.

Só ele pode abrir a mão e te dar as migalhas que você pede a ele, como emprego, uma casa, a saúde, o sucesso profissional. Uma fantasia custosa. Está tudo na mão dele, conforme diz o pacote cultural sobre esse deus. O sacrifício que você faz é o da tua liberdade, da tua essência pessoal, daquilo que você tem de mais precioso. Você irá murchando, secando como uva passa.

O conceito "deus" te liquida. Não sobra nada. Você vai se esvaindo como uma veia aberta.

— Mas professor, e como fica a inspiração que as pessoas de fé recebem, e que ajudam a escolher os caminhos de sua vida? - inquiriu o rapaz de cabelos revoltos. Gulag aprovou a pergunta.

— A inspiração é a fala. A mesma fala que falava na cabeça do escriba e ditava o que devia escrever sobre a criatura Moisés. A fala é o que te aponta o ideal, a Terra Prometida que, então, se apresentará em diversos e numerosos formatos. O *objeto a* (Cf. Lacan, **Écrits**)é aquilo que se pensa em conquistar como a plenitude definitiva, como a saciedade final da libido, ou da existência. É a tal da saciedade e plenitude como ilusão que não tem fim e que não tem como acontecer. É o mesmo que dizer que você chegará à Terra Prometida. O povo terá assim poder, riqueza, dominação e controle sobre os demais povos. Chegou lá, e já tem tudo. Nada disso aconteceu. Tal é a ilusão da Terra Prometida. O mapa do tesouro não existe como geografia. É apenas mapa.

A fala, que inspira as pessoas de fé, é a voz que lhe diz que há um mapa do tesouro, contanto que a pessoa se submeta e se entregue a esse deus da fala. A fala está gravada em teu próprio DNA. E a pessoa está sempre a procura desse tesouro. O mapa aparece com estas falas e com muitas falas no coletivo do indivíduo. As falas agitam o indivíduo e ele fica inquieto para descobrir onde fica guardado o tesouro. Por isto esses indivíduos possuídos pela fala, ou que se entregaram a essa fé, acreditam facilmente, perdidamente, no paraíso prometido. Isto lembra aquele burro que persegue uma cenoura amarrada numa haste presa a seu pescoço. O burro corre atrás sem perceber o esquema de engodo que ela esconde. Ele persegue a cenoura sem perceber que está sendo escravizado. E o burro carrega seus pesados fardos, esquece sua sede, e sua fome, despreza as dores nas suas juntas, a cada dia. Depois, enfraquecido, cheio de doenças não tratadas, é descartado. Sua ilusão lhe custou caro.

A inspiração é a cenoura. Essa cenoura com certeza é de plástico barato. Uma encenação sem conteúdo.

E por qual motivo as pessoas se deixam atrair pela cenoura de plástico que aparece como uma dádiva grandiosa? E por qual motivo as pessoas se deixam atrair e conduzir por falas internas, por inspirações internas, por aparições de entidades ditas sagradas?

As pessoas sempre estão esperando um tesouro mágico. Esperam que alguma coisa aconteça na sua vida e que lhes traga uma soma grande de dinheiro, ou uma casa nova, ou promoções de elevação profissional. É o sonho. O sonho foi implantado no DNA. E cada indivíduo já formulou seu sonho inúmeras vezes. Esse sonho emerge à consciência a toda hora. Esse sonho leva o indivíduo a jogar na sena toda semana, durante vários anos. Esse sonho é a fala do DNA que se junta com a fala que falou para o escriba dentro dele. A fala daquele que falou ao escriba, faz uma amplificação da fala - sonho - implantado no DNA.

O indivíduo sonha com sua grandeza, e que ela irá chegar de modo imprevisto e mágico. O indivíduo vive na esperança de que algo mágico aconteça na sua vida. Esta disposição torna-o uma porta aberta para enganações de todo tipo. A fala do DNA abre-o para a fragilidade de ser usado e mobilizado por outros.

Por isto, a fala do DNA se junta com a fala do outro, o outro que falou dentro da cabeça do escriba. E o outro, a fala deste outro irá fazer do sonho do indivíduo algo que lembra o mundo de Disney, o mundo dos contos de Grimm. O sonho se torna uma ilusão inebriante. Tudo aí se resolve pela ação de uma fada, de um elfo, de um Gremlin do outro mundo. E o indivíduo se entrega à fala que veio de dentro. Se torna um alienado completo. Cego e conduzido pela cenoura de plástico pendurada na haste, presa a seu pescoço, como no caso do burro. Ou do escriba de Moisés.

Essa inspiração, caro estudante, é então essa fala que fala lá dentro do indivíduo e que o lança no mundo das ilusões. Mas o indivíduo se acha o enviado dos deuses. Acha que tem uma missão. Essa mesma fala, essa inspiração que lateja nas entranhas de si, em seu próprio DNA, faz do individuo uma contínua emanação de esperanças. A esperança corrói as pessoas. As esperanças que afloram nas pessoas solicitam continuamente as forças e a atenção das pessoas. E as pessoas ficam inconscientemente ancoradas a esta ou aquela esperança. A expectativa é de que se realizem. Mas passam-se os dias, os meses e os anos. E nada. A pessoa fustigada por essa esperança, nascida da inspiração ou da fala interna, vai pedir ajuda. Pede aos seus deuses, aos seus santos, aos seus orixás. Busca cartomantes, búzios, quiromantes.

A esperança, nascida de uma inspiração, formulada por uma fala interior, "é a última que morre", diz o inspirado. Foi alimentada por outras formulações do pacote cultural, como "um dia chego lá", "deus é fiel", "há que se ter paciência", "o sofrimento faz parte da vida", e mil outras formas. Com este comportamento de submissão ao que considera seu próprio destino, o indivíduo pede ajuda aos seres do além.

Mas a ajuda custa caro. Os seres do além lhe deram a inspiração, lhe deram a fala interior, ecoaram no seu íntimo, e lhe mostraram que ele não irá conseguir nada. Talvez consiga se oferecerem a eles sua vida, sua mente, suas energias, seu sangue, seu sacrifício. É o dá cá, toma lá. De volta. A troca de moedas está em toda transação em que entrem as esperanças do indivíduo. E você irá ver as igrejas cheias de velas de promessas aos santos e deuses, as grutas e capelas mostrando fitas e oferendas aos deuses e santos, esquinas e árvores cheias de frangos, cachaças, velas e farofas para os orixás, e tudo o mais que o pacote cultural aconselha.

A pessoa se considera insegura e incapaz. É aí que entrega sua vida, seu filho ou filha, em oferenda aos deuses, santos orixás e outros que escondem a voz que fala nas labaredas e não mostra a cara. A posse da cenoura pendurada na haste presa ao pescoço do burro vale qualquer sacrifício.

Sempre que a voz se apresenta com sua fala e inspiração, existe a insegurança, o medo, a agitação para conseguir quinquilharias, para ter a posse da cenoura, em última análise.

— Mas se a pessoa não tem esperança, de que serve a vida? - reclamou o emissário de um pacote cultural, o estudante alto e pálido, de sobrancelhas espessas.

— A esperança corrói a vida. A esperança é tempo. Joga tudo no futuro O futuro fica sendo a ilha do tesouro. O futuro, antevê o incauto, deve ter algo para mim. Algo reservado para mim, afinal, não faço mal a uma mosca. Em vista deste futuro milagroso, o incauto esperançoso, busca suas preces e seus cultos religiosos para demonstrar que segue o roteiro daquele que fala e tem o tesouro do futuro. O esperançoso vive para ter compensações, prêmios, medalhas, tapinhas nas costas, distinções que o afaguem. O esperançoso é um lambe-botas.

— Essa não, professor! - gritou o Parvólio.

— E por que não?! O esperançoso só sabe seguir os projetos alheios que apontam para minas de tesouros, para mapas do tesouro, para ilhas do tesouro.

— A esperança cristã não diz nada disto, completa Gulag.

— Mesmo? - responde o professor. Quando o escriba diz que a Terra Prometida era onde haveria abundância única, traduzida como "onde corre leite e mel". A fala lhe prometia isso tudo. O mesmo se diga do famigerado Marx que prometeu "um estado sem classes". Porque Marx seguia sua voz interior que lhe inspirava a dizer tamanha barbaridade. É a Terra Prometida trocada em análises, números e estatísticas. Terra Prometida e Estado sem classes são formulações da fala interior que projeta paraísos e tesouros. O mapa, porém, ter que ser seguido com derramamento de sangue, com entrega da própria vida, com aliciamento das crianças, adolescentes e jovens para se tornarem os milicianos que lutarão para alcançar as ilusões projetadas pela ideologia, ou melhor, pela fala interior que sempre se esconde. Marx é outro Moisés, o escriba de um é o mesmo escriba do outro. A fala que falou e criou Moisés, é a mesma que falou e criou Marx. Assim como criou Mao Tse Tung, Fidel Castro, os políticos do crime organizado (partidos) no Brasil, na Venezuela, e outras regiões. Incluam-se aí os papas ou teólogos que se dizem inspirados pelo Espírito Santo. São todos sinistros filhotes da mesma voz, a fala que projeta uma ilusão e joga todo mundo a olhar o futuro como a meta a ser alcançada. E essa meta alimenta a esperança.

A esperança é o modo como as pessoas adotam aquela visão de futuro, uma miragem que esconde o tesouro da ideologia da fala misteriosa. O esperançoso se faz servo daquela projeção de futuro, se põe a trabalhar para essa projeção que a fala desenhou. E o faz com denodo, dedicação, submissão, e justifica seu sofrimento, sua frustração, dizendo que "uma hora chego lá", "é preciso manter a esperança". O esperançoso aceita todas as regras que lhe foram impostas, se desfigura, se avilta, para seguir o mapa que outro lhe impôs.

Nisto tudo, o esperançoso é um lambe-botas. É o servo fiel, o capataz, ou o peão. Mas teima em seguir um projeto que não é o seu. Seguir outro, é ser submisso, é se alienar no projeto alheio, que só construirá para o outro. O esperançoso adota o opressor como seu guia e senhor. E será consumido pelo seu opressor. Segue Moisés, Jesus (o da Galiléia, ou o dos Evangelhos), e mesmo Marx. Os ícones da opressão aos quais a fala escondida encaminhou aqueles que a escutaram. A teoria da esperança, a teologia da esperança, são ideologias que prendem a mente no futuro, no projeto alheio. Prendem. Está aí a prisão mental. O tempo futuro, o tempo da esperança, prende. É prisão mental. A existência da pessoa se torna a vida num casulo, num ovo sem portas nem janelas. Estará sendo chocada pela fala que se esconde na labareda do arbusto. Ou pela fala que se esconde na racionalidade analítica de

Marx. É a fala que mora no DNA dos escribas e que se reativa por força daquele que se esconde nas labaredas. A rede da fala é uma só. Cada indivíduo se faz antena dessa rede.

O pacote cultural é o modo como a rede da fala alienadora se concretiza num meio social. E se faz norma, modelo, tradição, regulamentos, parâmetros de comportamento. O indivíduo que ouve a fala se aliena, se torna um alienado a serviço do projeto da fala. Nisto ele aceita ser o santo de cabeça. O indivíduo fica incorporado, "cavalo" (dizem cultos afro-brasileiros), a serviço da fala que agora mora no sujeito. A esperança é o modo de se fazer marionete. A marionete fica presa nos parâmetros sociais dessa fala, como a borboleta fica presa pela asa que se colou na lâmina dágua.

A teoria da esperança mostra uma linha do tempo. O futuro como miragem alucinatória. Joga na linearidade temporal. A linearidade temporal aprisiona tanto quanto algemas.

Mas nessa esperança a fala se mostra em muitas ocasiões dizendo sempre o mesmo. A fala é sempre da mesma voz da "revelação". Quer fale para o escriba de Moisés, quer fale para Marx, quer fale para algum místico, para algum papa queimador de gente nas fogueiras, ou teólogo como os que escreveram **O Martelo das Feiticeiras**, quer fale para Adolf Hitler genocida, quer fale para Fidel - o monstro, quer fale para Lenin e Stalin, para Bush do *Patriot Act* ou para os reis do império britânico, quer fale para os feudais que buscavam um domínio maior, sejam eles chineses, japoneses, europeus. A voz lançou Cabral e colombo pelos mares.

A voz se faz escutar porque ela sabe que seus ouvintes querem um poder total, um império planetário, uma riqueza em ouro e prata inigualáveis junto com pedras preciosas. É assim que a Terra Prometida, o Estado sem Classes aparece para os ouvintes cheios de uma ambição adormecida, mas viva e pronta para entrar em atividade. Mas não esqueçam do que falamos antes, caros alunos. Por trás da promessa dessa Terra Prometida ou desse Estado sem Classes, está a promessa de ter o território e as riquezas alheias, bastando para isso trucidar a ferro e fogo os seus produtores.

É o pacto que pede sangue em troca de prêmios em riqueza. Moisés saiu feroz matando em nome de seu senhor Javé, ativando o manual da matança proposto pela voz que falava das labaredas, Marx fez o novo manual da matança sem fim, com a justificativa de que os produtores deveriam ser eliminados para que seus vassalos, sob o jugo da ditadura, fossem premiados. A voz que fala no íntimo desses heróis é uma fala cheia de voragem, insaciável. Sangue e sacrifícios são o rastro dessa fala. A fala do escriba que emerge de tempos em tempos, e que se mostra nos discursos dos indivíduos proeminentes que buscam um domínio total sobre as multidões.

Essa fala aparece e ecoa e se multiplica através dos seguidores de destaque, chefes de partido, estrelões desses partidos políticos, através do clero e pastores de todos os níveis, através dos alucinados agitadores, dos visionários que buscaram território e ouro pirateando os outros povos.

Se vocês duvidarem, leiam um pouco de história. Vão entender por que a Terra sempre foi um lamaçal de sangue.

Essa fala, sempre a mesma em todos os tempos, é a mesma fala gravada no DNA de cada humano. Se a esperança de futuros maravilhosos prende o indivíduo em tarefas direcionadas a essa posse, essa fala que aponta para projetos de grandeza coletiva, exigindo o sacrifício de gerações inteiras, essa fala é como um imenso balão que traz gases narcotizantes e envolventes.

Para o indivíduo conquistar - assim ele pensa -, seu futuro risonho, ele se entregará a tarefas repetitivas, a um incansável labor, a uma expectativa a cada vez alimentada, mas normalmente frustrada.

— Mas professor, isso parece destino, com cartas marcadas, misturado com vozes do além, tipo "eu superior" do universo. E ficamos na barafunda de mistura de mitos, crendices, crenças e iniciações exotéricas, - observou com cuidado o jovem de cabelos revoltos, agitado e atento.

— Tá certo. A impressão pode ser essa. Mas, se você tiver paciência, vamos seguir por um caminho mais rigoroso.

A LUZ

Considere a luz. Digamos que a luz é como este universo aparece primordialmente. Você pode até falar em Big Bang. O Big Bang, que estou apresentando aqui, de modo didático, dá passagem à luz, é a eclosão da luz. Se você pensar na flecha do tempo, do passado para o futuro, você estará considerando a luz como partícula. Fiquemos com esta apreensão, inicialmente.

E a luz como partícula foi mostrando seu conteúdo em tudo que se fez existência numa determinada forma, no interior deste universo. De início, o fóton, depois coisas como partículas elementares vão surgindo, quarks, nêutrons, prótons, elétrons. E os átomos foram ganhando forma e diferenças. E você pode alegrar a vista na Tábua Periódica dos Elementos. Está tudo lá, mas sempre tem mais. O mundo mineral dá as caras. Enfim, as plantas, em seguida a zoosfera e seus desdobramentos, até que surge a fatídica figura do humano.

Mas não pense que estou falando de uma evoluçãozinha comportada, em que uma coisa leva à outra. Não é por aí.

zdentro do qual corre uma vontade (*will*, em inglês), está na abordagem de Arthur Young, que desenvolveu os helicópteros Bell (década de 40). Ele sempre se mostrou atraído a desenvolver uma Teoria do Universo. Aos poucos foi passando para uma Teoria de Processos, como ele coloca em seu muito interessante trabalho. Vejam isto:

YOUNG, Arthur M. **The Reflexive Universe**: Evolution of consciousness. Lake Oswego: Robert Briggs Associates, 1990. 6 ed.

Para Arthur Young, esse propósito que percorre por dentro o mundo físico, é a presença desse *will* (um propósito) que muda tudo. Os eventos da física ou da química não podem ser vistos como eventos de leis físicas ou químicas congeladas. Essa é a concepção do determinismo newtoniano, conforme diz Young. Mas para quem tem a sensibilidade de sintonizar melhor os eventos físicos ou químicos, irá perceber que há um propósito que se manifesta na ocorrência física ou química.

Young se coloca dentro do determinismo (linha de Newton, do empirismo inglês). Mas faz aí uma correção. Uma observação de que A causa B, contém a informação de que a lei física que gerou A não estaciona paralisada em A. O reconhecimento de B como efeito de A, diz que A tem um propósito: produzir B. A causalidade e a inferência nos libertam de um determinismo estático. Neste caso o determinismo trabalha a nosso favor, fazendo com que as leis da natureza, diz Young, expandam nossa liberdade em vez de restringi-la. E falar em liberdade é falar da vontade, *the will*. Uma marcha e uma ação. É o que ele diz.

A evolução indica uma atividade dirigida a uma meta. É a tese de Young, posta no Prefácio deste seu trabalho. A montagem de seu helicóptero era o ponto de chegada de um propósito. Toda máquina é o ponto de chegada de um propósito. E não há propósito sem que se manifeste numa máquina. Ele fez surgir o helicóptero, trabalhando a partir de um projeto, uma planta. É preciso, então ligar essa linha de montagem ao DNA. De algum modo, o ainda inexistente helicóptero estava embutido, virtualmente presente, nas aeronaves já em uso. Assim, o homem como uma máquina, como dizem os filósofos, não é definição aceitável. Ele não é um mero mecanismo. Se está aí, ele é testemunho de que surgiu de um propósito.

Então, caros estudantes. O designer do helicóptero Bell trabalha com o conceito de propósito e liberdade. Para Young, propósito e liberdade são qualidades da luz, dos fótons que geraram este cosmos. Os fótons trabalham com causa e efeito, e os objetos do universo mostram que o propósito inerente na evolução dos fótons atinge sua meta dá origem a um objeto. Trata-se do processo. A Teoria do Processo elaborada por Young, vai acompanhar não só o mundo da ciência empírica, mas também o mundo dos antigos mitos, e suas literaturas. Esses mitos trazem informações que podem superar, e mesmo completar,os conhecimentos gerados pelo estudo científico. O processo da formação do universo, seguindo os mitos, fala de 7 estágios. Uma importante influência para se reportar a tais 7 estágios, são as **Cartas de Mahatma a Sinnett** (*Mahatma Letters to A. P. Sinnett*, 1923). Mahatma, um Mestre da tradição teosófica. Esses escritos falavam de que havia 3 reinos anteriores ao reino mineral, da sequência tradicional "mineral, vegetal, animal", e um reino além do reino animal. Portanto, 7 reinos.

Em suma, essa Teoria do Processo, quer dar conta de uma cosmologia que inclua o propósito, quer explicar como temos um cosmos como o desse universo. Mas não diz de onde vem o propósito. Em que consiste a fonte do propósito, se temos a esfera da vida, após o surgimento do mundo mineral. Como esse propósito gerou a vida?

Gulag intervém, colocando fumaça diante dos olhos da platéia.

— Mas a bíblia já fala de "7 dias da criação", com muito mais segurança.

— Esses 7 dias, Gulag, foram tirados de um texto encontrado nas escavações — da antiga Suméria. Trata-se de um antigo texto, do reino de Acad, escrito em cuneiforme e que põe Marduk como o grande senhor que teria construído nosso sistema solar. Mas este texto de Acad se serviu de um mais antigo, escrito em sumério, e que falava de Nibiru como o acidente planetário que interferiu em nosso sistema solar, dando-lhe as características que tem hoje. Foi Nibiru o corpo planetário que interferiu, e não Marduk. Os seguidores de Marduk adulteraram o texto ao copiar. Tiraram Nibiru do texto.

A bíblia copia alguma coisa daí, modifica o texto e coloca o senhor dos hebreus como o criador do "céu e da Terra". Através dos textos originais de onde o escriba bíblico copiou sua narrativa da criação, ficamos sabendo que "céu" se referia ao bracelete partido, que é o cinturão dos asteróides. E a palavra Terra se referia a Ki (sumério), ou Ghi (grego antigo, e depois Ghea, (géia, na pronúncia do português), daí pan-géia, geo-grafia). O escriba bíblico, copiando o texto acadiano (onde Marduk era o criador do sistema solar), põe o senhor dos hebreus como o senhor da criação, tirando Marduk dessa narrativa.

Assim Gulag, os sete dias da criação na bíblia, são uma adulteração de textos mais antigos, originários da Suméria, há cerca de pelo menos 6.000 anos atrás. *As Sete Tábuas da Criação*, é uma designação do arqueólogo que as encontrou. O texto encontrado se chama **Enuma Elish**, descreve os eventos cosmológicos do sistema solar, como uma peça de teatro em 7 atos. Apenas isto. Estratégia redacional, sem importância maior.

Pois é, mas Young não sabia disto. Achava que os sete dias bíblicos eram uma conquista cognitiva importante e a colocou ao lado dos sete reinos das cartas de Mahatma. No entanto ele faz uma ressalva. Diz que, como cientista, não pode aceitar esse número de sete reinos, porque pode ser uma iniciativa de mera crendice. E ele se lembra do que um amigo lhe fez ver. A topologia do *torus*, análoga ao conceito de processo, pode lhe dar o fundamento matemático de que precisa para lhe garantir, de modo mais estruturado, a hipótese de que o processo tem sete estágios.

Vejam vocês, a topologia do torus pode ser esse fundamento teórico que dará expressão, tanto à curvatura do espaço da Teoria da Relatividade de Einstein, como a incerteza da Teoria Quântica de Heisenberg. É isto que Young põe no seu ensaio.

Para a nossa conversa de hoje, o que chama atenção em Young, é sua proposição de que em todo processo há uma decisão e ela exprime a liberdade (*the will and the freedom*). Ora, o querer (*the will*) de Young está restrito à premissa da relação causa - efeito. Se houve um efeito, então houve uma decisão (*will*) de produzi-lo através de uma causa. A ação que envolve o conceito causa (a linha de produção do helicóptero), é a decisão prática, a liberdade, rumo a uma meta que é o produto em sua inteireza final, conforme a planta.

Young permanece nas malhas do determinismo empirista e seu conceito de querer e de liberdade são decorrências formais da lógica do empirismo, a lógica clássica. Sim ele começa com a Física Quântica, para contextualizar o que diz sobre a luz: a luz se condensa em matéria. E essa matéria será classificada como sete reinos (4 a mais que os três da tradição, mineral, vegetal e animal). O ambiente em que se move o engenheiro Young é todo ele lógico-matemático. O desenvolvimento de sua tese, as análises e as comprovações de suas pressuposições, são um caminho curioso e muito interessante e muito rico do ponto de vista da matriz científica que ele explora. A leitura de **The Reflexive Universe** é compensadora para quem procura uma nova visão cosmológica do universo.

A LUZ E O QUERER ESSENCIAL

Enfim, a liberdade de que fala Young e o querer (*will*), geradores da sequência "criativa" deste universo em sete estágios, em sete reinos, é algo do processo lógico formal, balizado pela relação causa e efeito.

Quando falei do universo e seu desdobramento para os humanos, na palestra que gerou nossa conversa, eu tinha como pano de fundo a luz que enche este universo. Dizer que a luz enche o universo é também dizer que ela arrasta um conteúdo. E este conteúdo não se esgota na concepção da luz como partícula, porque a luz também é onda. E a luz é basicamente o fóton. Todo físico fala isto.

Não se trata, então, daquelas historietas que falam que o tal senhor daquela bíblia disse: "faça-se luz."

Já alertamos. Este texto da bíblia é cópia, adulterada, de textos acadianos, que são cópias adulteradas, de textos sumérios mais antigos. Duvidam? Façam uma visita de estudos a Zecharia Sitchin em O Gênesis Revisitado. Tem muita coisa interessante lá. É bem interessante para quem quer descobrir pesados e custosos pacotes culturais impingidos desde criança na população.

A luz e o querer essencial. Foi assim que iniciamos este trecho da conversa.

— Mas professor, onde você quer chegar? Não é um desvio enorme a respeito de tudo que viemos fuçando? - Falou o estudante de cara pálida e sobrancelhas espessas.

— Huuum. - O professor se virou e encarou o estudante -. Os itens que abordamos até agora, foram uma tentativa de começar a conversa. Caro estudante, imagine uma floresta como a Amazônica. Entre nela em um trecho ainda pouco conhecido. Qualquer um vai encontrar inúmeros obstáculos para avançar. O mato é muito denso, e funciona como uma malha que prende como uma rede de peixes.

Assim foi nossa conversa. Não consegui avançar no item inicial, sobre o universo e o desfecho da vida do ser humano. O motivo ficou claro: a barreira de pacotes culturais que enche a cabeça das pessoas, é como uma rede que não deixa passar nada. É um filtro congestionado. Recusa tudo que vem. E se forçar, estoura a caixa craniana. Causa irritação, ira, agressão, susto, perplexidade, desencanto e debandada.

Tudo isso é o mato que não deixa passar. As pessoas já estão formatadas, atulhadas de supostos ensinamentos, todos como bengalas de salvação social ou do além-da-morte. Só que não funcionam para nada disso.

Esses ensinamentos são o equívoco em forma de ilusão cognitiva.

Todos esses ensinamentos, dados desde o berço, não trazem o sucesso esperado na vida da pessoa. O amargor que essas pessoas têm que enfrentar em diversos momentos da sua vida, mostram o fracasso desses ensinamentos.

A única coisa que esses ensinamentos fazem é pré-formatar pessoas para agirem como robôs e, desta forma, fazerem funcionar sua sociedade, manterem vivos seus deuses, conservarem de pé suas igrejas e templos, suas fábricas e palácios. Os ensinamentos levaram as pessoas a trabalharem para algo fora delas, para um projeto que lhes foi injetado dentro de suas cabeças, como se fosse o seu próprio.

Mas as pessoas, ora, elas vão indo para os asilos, tristes e abandonadas, vão indo para hospitais cada vez mais, e têm que viver de sobras da sociedade, uma aposentadoria que não representa todo o esforço no trabalho. Os ensinamentos dados no começo da vida, não funcionaram para dar, ao final da existência, um brilho nos olhos, um ar de satisfação, uma estabilidade e grandeza de sentimentos.

Este é o roteiro mais comum dos pacotes culturais.

As definições congelam

Quando começamos a falar sobre o universo queríamos mostrar uma janela para sair desse roteiro tão escuro e assustador.

— E aí o professor vai dar mais um pacote, desta vez dizendo que é a salvação para todos. - Metralhou o estudante de sobrancelhas espessas.

— Que bom que você tem essa clareza de observação. Vamos por partes. Eu falei que os pacotes culturais são uma barreira espessa. E não quero trazer mais um pacote cultural. O que vou falar não está inserido em nenhuma cultura, nem é pacote de coisa alguma. O que vou falar não consegue ser empacotado. Não consegue ser uma formulação que se possa ensinar nas escolas. Não é uma apresentação que se torne um texto fixo, pois se ficar fixo é sinal que já morreu e se desintegrou.

Anunciei que eu falaria da luz e do querer essencial. Nem a luz é estática, nem o querer essencial pode ser um tema de definições. Note bem: falei "definições". E uma "definição" é um modo de mumificar qualquer conceito.

As definições trazem supostas seguranças. As definições constroem edifícios científicos, como o empirismo newtoniano. Durou mais de 300 anos como uma pedra congelada. E chegaram novas teorias sobre as coisas deste universo dizendo que ou quebramos essa pedra, para poder seguir adiante, ou nos congelamos com ela. E tudo pára.

Vieram outras teorias, como a física quântica, que mostraram que sair de sob aquela pedra, era descobrir um movimento colossal, uma agitação que trazia infindáveis possibilidades tecnológicas. A experiência de se desprender de conceitos, de lógicas e definições, era cheia de alvissareiras notícias.

Então, caro estudante de sobrancelhas espessas. O que vou falar vai apresentar uma janela de um mundo de inenarráveis agitações, muito além dessas agitações que hoje ocupam os numerosos cientistas, empresários, criadores de tecnologias, designers de todo tipo, inventores, e muitos outros.

Pois bem. Começamos com a luz. Young, o engenheiro da Bell, escreveu o seu **The Reflexive Universe**, e justificou o motivo pelo qual iria começar pela luz para mostrar o universo como desdobramento - muito particular - da luz. Para ele, a luz se precipita em matéria, a começar como fóton, depois como partículas elementares, depois como átomos, depois como moléculas, depois como vegetais (organismos celulares), depois como animais e enfim, como o homem. Aí a luz se mostra como a matriz inicial dos 7 Reinos. Cada reino incorpora as aquisições estruturais do reino que lhe precede. E isso é tal que se pode falar que o universo inteiro é constituído de luz.

E cada reino tem dentro de si um "chamado", uma tensão, para dar o passo que desvendará o reino seguinte, até chegar ao sétimo. Mas o sétimo parece apontar para as galáxias... Tal é a visão de Arthur Young. Tal universo representa a *Evolution of Consciousness*. Os desdobramentos da matéria, trazem um certo will, uma certa vontade que propele o reino atual a dar o passo para um reino seguinte. E o que propele, é sempre algo ativo na organização do reino anterior que leva ao posterior. Essa vontade não é uma "anima", ou espírito presente nas estruturas da matéria. De qualquer forma, para ele, Young, a consciência humana é como a luz se mostra pela sequência dessa dita evolução.

Young procurou em diversas visões místicas como interpretar essa "anima" enigmática que depois, pela evolução dos passos da luz, aparece, no homem, como consciência. Essa consciência, ao fim e ao cabo, é o homem como a luz evoluiu, e que se fez no homem um robô pensante, cujo futuro é estender sua dinastia pelas galáxias. Os axiomas de Young o conduziram a este ponto.

A LUZ E SUA CARGA ONTOLÓGICA

Para nós, essa luz tem outra feição, que não se encerra em dizer que o fóton pode ser visto como uma partícula ou como uma onda. Sim, isto também podemos dizer. Por sinal a ciência tem trazido uma sedimentação cada vez mais forte para essas afirmações, como fóton onda, fóton partícula. Sim, a ciência quântica. Uma nova visão da matéria microscópica.

O fóton é a semente que dá origem a partículas abaixo do átomo, subatômicas, partículas elementares. Seguindo o trabalho de Arthur Young, nesse assunto, lemos aí, que a construção do universo foi gerada inicialmente com a formação de elétrons e prótons. Daí surge o átomo. O átomo dá oportunidade ao surgimento das moléculas. Enfim, o 1º Reino é dito como o do fóton, o 2º Reino como sendo o do átomo, e o 3º Reino como sendo o da Molécula. Uma estruturação cada vez mais complexa em que os elementos estruturais do reino anterior, estão presentes no reino posterior, criando uma nova realidade.

Um reino desemboca em outro, de uma nova forma e com mais complexidade, movido por uma vontade inerente de se superar, e de fazer acontecer o que consta como uma propelência evolutiva. Mas não se pense que essa vontade de ir para adiante seja um "espírito" morando dentro da matéria.

Por que estamos antes apresentando o que Young elaborou sobre o Universo? Primeiro porque ele tenta apresentar um quadro geral consistente com a ciência, tomando elementos da ciência determinística (desde Newton) e avanços da Física Quântica.

Esse é o primeiro ponto. O segundo ponto, da elaboração de Young, é que a ciência determinística, a ciência empírica, procura chegar sempre a uma formulação que aparece como Lei física. Para Young, se ficarmos com essa proposta, nunca iremos entender o âmago da evolução, que desvenda toda a realidade material e viva do universo. Dentro da matéria há aquela vontade (*will*) que não se deixa apanhar por fórmulas físicas. E essa vontade impulsiona os diversos Reinos da Natureza de um estágio para outro. Sim, Young acata a evolução como quadro teórico explicativo do universo e seus eventos. Antes de continuarmos e de apresentarmos nossa percepção de tudo isso, temos que concordar que a abordagem empirista com suas leis físicas, é insuficiente para uma abordagem do universo e de seus "segredos". Destes segredos falaremos mais para frente.

Mas também concordamos com Young que a luz contém muito mais informações que a experiência científica pode detectar ou sequer formular. É que a luz é cobra mandada. Esconde seu senhor. Vejamos em que nos aproximamos e em que nos afastamos das concepções de Young sobre a luz.

Ele faz duas constatações: de um lado a descrição da luz como um fenômeno da abordagem da ciência. E de outro, um fenômeno da abordagem de mitos antigos e religiões. O fato de os cientistas não conseguirem elaborar equações ou leis a respeito de concepções religiosas ou mitológicas, não significa que essas religiões e mitos não contenham informações cruciais para o entendimento do universo como evolução em estágios cada vez mais complexos.

Essas concepções religiosas ou mitológicas podem ser traduzidas em um quadro de Física Quântica. Sem isto significar que a Física Quântica seja a insinuação de uma proposta espiritualista. Assim, dizer que os animais não são só organizações biológicas derivadas de um ADN, mas, para além do ADN, que os animais desenvolvem habilidades de sobrevivência e escolhas de estratégias (ninhos, alimentos, deslocamentos, etc.) que não vêm junto com o ADN da espécie, tudo isso é dizer que o animal tem uma "alma" própria (animal soul) que é fruto de aprendizado no decorrer de centenas, milhares ou milhões de anos. E tudo isto é deixado como herança para sua descendência. A herança de um aprendizado que garante a sobrevivência prática, não será encontrada em algum gene da matriz genética da espécie.

No entanto, esta capacidade de aprendizado e de passar para frente essa informação adquirida, faz parte do processo evolutivo, na abordagem de Young. Essa atividade dos animais, assim como o controle do crescimento que a planta tem, são coisas que se referem à luz. E a luz é o quantum de ação. É a ação a que Heisenberg conferiu um quantum, uma unidade total, mas como fóton.

Essa ação, que define a luz, para o autor, emprestando de Heisenberg a descrição, é o que acompanha, no âmago, a matéria, no seu processo evolutivo. O fato de moléculas (4º Reino da Natureza) eclodirem como Plantas (5º Reino), e Plantas em Animais (6º Reino), é porque, segundo Young, a luz e os eventos da luz (Fótons e trocas de energia) impulsionaram este processo. Ou seja, a luz tem um propósito, ou uma teleologia que lhe é constitutiva. O propósito é um todo, na luz. Não uma parte. Esse todo é indivisível. E isto foi esquecido pela ciência. (Ver Young, op. cit., p. 18-19)

A luz carrega um propósito, uma dinâmica em direção a um objetivo. É bem interessante esta colocação. A luz, então, é a alma e o espírito da matéria em evolução. É o que Young acha que é. Mas a luz como evento visto pela Física Quântica. Assim alma e espírito são apenas palavras, mas o conteúdo é retirado da física.

Neste momento, Gulag interfere com ímpeto e cheio de razões.

— Pois é, e esse engenheiro Young vai até a ciência e descobre que ela precisa da luz, algo que é de criação divina. Sem isto a ciência não consegue avançar.

— Para Young, a luz não é de criação divina - pontua o Pesquisador. Young tem lá suas dúvidas. Hesita em tomar uma decisão sobre isto. Mas a tua indagação é muito pertinente, Gulag. A final que luz é essa? É o ovo, é a galinha? Na verdade, quem queira explicar o universo irá se deparar com esta questão. Onde tudo começa? Onde encontrar a ponta do fio da meada e desenovelar tudo e dizer: Heureka, achei o segredo de tudo!

É neste ponto que Young recorre ao mundo da filosofia e dos mitos. Ele quer dar uma explicação, uma justificativa, do motivo pelo qual a ciência determinista, empirista, não percebeu o valor de certas concepções mitológicas ou religiosas. Ao mesmo tempo quer dar uma justificativa do motivo pelo qual ele considera a luz como o ente que carrega um propósito, em vista de um objetivo, uma meta. Ou seja, a luz é ação. A luz move.

É então que Young encontra um autor cristão do século IV D.C., chamado Basílio, que (seguindo os gregos) distinguia o mundo inteligível e o mundo sensível.

Segundo ele, o mundo inteligível está fora do tempo. O mundo sensível participa do mundo inteligível, com a inteligibilidade da matéria devida à luz que ilumina o mundo material. A luz garante a inteligibilidade.

Diz Basílio que a luz não está limitada ao tempo. O tempo é encontrado somente no mundo sensível. A luz está universalmente distribuída no momento de sua criação.

Young faz notar que reconhecer que o tempo não existe no mundo da luz, é valorizar uma afirmação do século IV, e que só a Teoria da Relatividade, em nossos dias, foi capaz de reconhecer.

Young aproveita para acentuar que o conhecimento de marca "científica" não vem só pela ciência empírica, mas tem outros modos de ser acessado. Clama em altas vozes que o determinismo científico estrito é insustentável. E Young traz o testemunho de Heisenberg, físico quântico, que ensina que a partícula fundamental não pode ser observada sem ser perturbada, adulterando a informação sobre ela. E isto invalida a pretensão de precisão definitiva da ciência determinista. A partícula só pode ser abordada com o Princípio da Incerteza, e a predição de suas informações só podem vir por uma abordagem de probabilidade.

É assim, continua ele, que a Física Quântica pode nos dar informação sobre a causa primeira que gerou o universo, do mesmo modo como o faz a religião. Enfim, a luz é a causa primeira, e Deus da religião pode ser interpretado como essa luz criativa. Mas Young não se atreve a tornar isso definitivo (esse Deus é a mesma Luz?) e deixa pendente esta afirmação.

Quando Max Planck descobre que a luz é **Quantum of action**, Quantum de ação, ele descobre o significado do "Fiat" que aparece no Gênesis, diz Young. A luz é ação (em quanta), ela é criativa, levando adiante sua *propositividade* (ela tem um propósito). A luz tem um propósito, diz Young.

Young radicaliza:

a luz é central e primacial como origem de tudo. E não só do mundo material, mas também do mundo inteligível, o eterno agora da consciência.

Mais ou menos, dizemos nós. Aí tem muita coisa a ser revista.

A moça de cabelos thread não estava conformada. Ela não era do curso de Física. Sentia-se agredida pela condução do assunto, que começava a perder o acompanhamento. Diz ela:

— É a coisa mais boba que já ouvi falar, dizer que a luz tem uma vontade, um propósito, uma ação. (Risos gerais, e todos desafogam sua agonia neste percurso). Até parece que estamos num filme de Harry Potter. Esquecemos uma boticada de fumaça mágica, pelo jeito.

O MUNDO INTELIGÍVEL E A RAZÃO

Vamos enfrentar essa tua objeção, atenta estudante. Na verdade, há certos temas que são "pacotes culturais" tipo atávicos. O pessoal nunca resolve e passa para frente. As soluções cada vez mais se tornam conflitivas. E a cabeça de cada um começa a carregar conflitos, nem sempre explícitos, mas sempre ativos.

Quando falamos em inteligível, falamos que algo pode ser apreendido pela razão lógica. Ou seja, o intelecto pode abordar e acessar alguma coisa deste mundo e ter um conhecimento lógico sobre essa coisa.

Sim, a inteligibilidade está no fato de ser apreensível pela descrição que se serviu da lógica, ou da matemática, por exemplo. A Física precisa da lógica e da matemática. Claro que a lógica clássica tem sido a mais utilizada na Física, mas Heisenberg percebeu que, para expressar o conhecimento da Mecânica Quântica, seria preciso lançar mão de uma lógica do paradoxo. Enfim, lógica, sempre a lógica.

E vimos há pouco, que o deus dos antigos cristãos (época de Basílio) e a luz, eram coisas do mundo inteligível, fora do tempo.

Por outro lado, o mundo das coisas materiais, era entendido como um mundo preso ao tempo e nada inteligível por si, mas apenas sensório. Este mundo material pode ter uma inteligibilidade porque a luz se reflete nele, diz o escritor cristão.

E Young se aproveita disso e diz que, graças à Física Quântica, as coisas podem ser inteligíveis porque tudo é feito de luz, que se apresenta como fóton, depois como partículas elementares, depois como átomos e por fim moléculas. Todos compostos de fótons, de algum modo. E estas moléculas rumam para eclodirem como plantas, e depois como animais e no fim como o homem.

E isto tudo vai acontecendo como uma evolução que se mostra através dos ditos Reinos da natureza (sete, para Young e seu guru Mahatma).

A luz dará inteligibilidade a tudo que acontece e evolui, porque ela é, ao fim e ao cabo, a composição de todos os seres do universo. Tal é a proposição desse autor, que considera essa inteligibilidade a partir da Física Quântica. Esta física terá um papel central para ele, em todo o percurso de demonstrar a solidez de sua hipótese de uma evolução proporcionada pela luz como propósito e liberdade.

A razão comanda o caminho de reconhecimento cognitivo da epopéia da luz constituinte deste universo. A razão quântica, mas não a razão determinista, materialista criticada por ser incapaz de perceber a presença do propósito e da liberdade em cada passo que a luz dá na confecção da sequência dos sete reinos da natureza. É a visão de Young.

A luz, então, é o princípio de tudo. Mas não se sabe de onde vem a luz. Foi criada? É o próprio conceito de Deus dos crentes? Sem resposta.

LUZ E RAZÃO, LIBERDADE E CRIATIVIDADE

As bases de Young para desenvolver sua proposta de evolução onde a luz tem o papel principal, podem ser destacadas como segue.

A luz é o princípio de tudo, é criativa, e carrega um objetivo, uma meta grandiosa, e se manifesta como liberdade criativa nos seres. Isto ele aponta nos primeiros capítulos do seu trabalho.

Descobrir isto é tarefa da razão do homem, como aquele que atingiu o nível do domínio e opera pela razão em termos de **nous** (mente, intelecto) grego. Esta é uma das afirmações finais do autor, nos últimos capítulos.

E qual é a origem da luz? O autor não conseguiu descobrir, nem pela ciência, nem pela consulta aos mitos e religiões.

Podemos mais adiante, trabalhar essa questão. Vai ser muito importante.

Por ora, estamos colocando a teoria do autor para termos um perfil com que comparar o que iremos apresentar sobre a luz e o universo material.

Se o autor não consegue dar uma fonte de origem da luz, ele, porém, apresenta características da natureza da luz que o alicerçarão no caminho de sua tese sobre esta evolução como manifestação da liberdade da luz. Ele descreve conforme segue, no capítulo segundo.

A luz é impossível de ser descrita. A descrição de um objeto exige que se lance luz sobre esse objeto. E não é possível lançar luz sobre a luz para descrevê-la.

A luz é única. O motivo, do ponto der vista da física, é que ela não tem massa. Não tem carga, como o elétron que tem carga elétrica negativa. E também não tem tempo. O caminho espaço-tempo da luz é extensão zero. Informa ele no segundo capítulo. A luz não tem velocidade, a não ser por convenção e não pode estar parada. A luz não perde energia ao atravessar o espaço. Tenha-se em vista que espaço é conceito sem significado para a luz. E não se pode dizer que a luz, como tal, seja uma partícula. Se se disser que um fóton é uma unidade da luz, ele não pode ser detectado, porque sua detecção é sua aniquilação. A luz não é vista, está vendo.

Não se pode buscar um conhecimento da luz, do mesmo modo como se busca o conhecimento de um objeto qualquer. A martelada de um martelo sobre um prego, fixa-o na madeira. Mas o martelo que conduziu essa energia de fixar, permanece ao alcance da mão. Não some. A luz transporta energia de um ponto a outro, mas não deixa resíduo. Por este motivo, diz-se que a luz é pura ação. Ação que não fica presa a um objeto.

A energia da luz preenche todo o espaço. Conecta tudo a tudo. Esta energia da luz inclui o acontecimento atômico e molecular designado como eletromagnetismo. Por outro lado, a luz tem frequência e comprimento de onda. As cores visíveis são a luz em determinados comprimentos de onda.

O éter, suposto como veículo para as ondas no espaço, foi com o tempo, descartado. Essa premissa errônea e fruto de uma concepção materialista, foi superada por Michelson e Morley, continua Young.

Em seguida Young vai introduzir a Teoria Quântica. O motivo era o fato de que a luz como onda resistia a alguma explicação na questão do efeito fotoelétrico. Planck (a radiação do corpo negro), e depois Einstein, trouxeram a proposta de que a luz é transmitida em pacotes (*total units*), ou em quanta de ação.

Essas quanta de ação, são os fótons. Eddington é lembrado aqui porque dizia que os átomos eram campos de ação. Luz é ação: é a contrapartida dinâmica. A mesma teoria conduz a que o fóton contém uma quantidade de energia (E) proporcional à sua frequência (F). Donde:

$$E = h\text{F}$$

Onde h é a constante de Planck.

Com Heisenberg, e outros, a teoria quântica se tornou arrasadora. Heisenberg chama a atenção para o fato de que o elétron não pode ser observado sem ser perturbado e, isto, irá invalidar a observação. Young traz a notação de que, juntando-se esta proposição de Heisenberg com a de Planck, teremos que a incerteza da posição vezes a incerteza do momento, será também um quantum de ação, igual à constante de Planck (h).

Young quer conduzir o leitor a apreciar os detalhes da Teoria Quântica com respeito à luz, porque isto lhe trará o importante embasamento para sua proposta de evolução e construção do universo. Assim os pilares, consolidados por Planck, desta revolução da ciência estabelece:

1. Que a luz irradia em pacotes que não dissipa sua energia no caminho de seus alvos (quanta de ação).

2. Que a energia faz trocas no nível atômico e mesmo no nível molecular em termos de quanta de ação (luz).

3. Que ação, como a matéria, vem em pacotes discretos que não podem ser divididos.

Em seguida, Young, para ressaltar as balizas de seu trabalho sobre o universo, e considerando a abordagem de Planck com relação radiação e temperatura, vai dizer que a Teoria Quântica se colocou como uma correção ao intelecto racional. E para Young o intelecto racional era a ciência determinista fechada e um tanto dogmática. Para ele o processo racional é um esplêndido assistente, mas um pobre guia em quase todos os campos, especialmente em questões fundamentais.

A LUZ E SUA PROPOSITIVIDADE: A LUZ TEM UM PROPÓSITO

Essas críticas ao "racional" são também as nossas, mas num sentido mais explícito e amplo que veremos nas próximas conversas. inclusão do conceito de "propósito" da luz, ou sua teleologia, traz uma importante visão, mas não é suficiente, porque estaciona nos conceitos da Física Quântica. Esta física é também fruto de um trabalho racional, embora se utilize de uma outra lógica. E a lógica, clássica ou do paradoxo, será sempre lógica de algum tipo.

Caros estudantes. Sobre a lógica da Física Quântica, é interessante vocês darem uma espiado num trabalho de Heisenberg e num outro de Eddington.

HEISENBERG, Werner. **Física e Filosofia**. Brasília: UNB, 1999. 4 ed.

EDDINGTON, Arthur, Sir. **The Philosophy of Physical Science**. Ann Arbor: Universisty of Michigan Press, 1978. 4 ed.

Se tiverem tempo para isso. O que nos interessa no momento é verificar os pressupostos de que se utiliza Young para descrever como se dá o seu rompimento com a ciência determinista, ou o intelecto racional, como falou. Para ele, qual seria o outro modo de abordagem como método do conhecimento, e em particular, para dar conta da evolução em nosso universo, incluindo a luz como a que tem um propósito, dizendo com isto que ela tem liberdade?

Acontece que Planck já tinha adiantado algumas percepções a respeito dessa liberdade.

O princípio da menor ação, da luz como ação, já elaborado pelos matemáticos do século XVII, continuou sendo uma inspiração. E Planck, citado por Young, retoma a questão e conclui de suas experiências que os fótons que constituem um raio de luz se comportam como seres humanos inteligentes. Frente a todas as possíveis curvas eles sempre selecionam a que os levará mais rapidamente a seu objetivo.

Aumentando suas bases, Young vai mais adiante citando o achado de Leibniz para quem existe uma tangível evidência de uma razão onipresente mais alta regendo toda a natureza.

Não se alvorocem, estudantes, vocês encontram tudo isso no capítulo segundo do **The Reflexive Universe**.

Vejam só: ele diz que os fótons são inteligentes e escolhem. Escolher é um ato de liberdade. E fóton é luz. Assim, a luz é ação de liberdade inteligente.

E, para ele, é aí que se encontra uma razão mais alta, que governa toda a natureza. Ora, a razão é a inteligência do fóton. É o mesmo que dizer que a luz é essa inteligência que governa toda a natureza, segundo ele. Para evidenciar mais ainda este "governo" da luz na natureza, Young cita mais uma vez o grande Max Planck:

a formulação do princípio de causalidade física (...) possui um explícito caráter teleológico.

O autor acentua que a luz tem um comportamento propositivo, conforme notaram diversos cientistas. A propositividade (teleologia) da luz está associada àquele aspecto da luz que é o princípio da ação. A causalidade, entendida como ação, como a que contém um propósito, deve ser revista.

Quando Planck diz que a ação vem em pacotes, ou em totalidades discretas, e que este pacote é constante, ele diz que este pacote não é a energia quantizada, como dizem por aí, e sim que é a ação que vem em pacotes ou em totalidades discretas. E conserta o que dizem equivocadamente:

$$\text{Ação} = E \times T = h$$

Ação é a constante (h). A energia (E) é proporcional ao tempo (T).

A totalidade é própria da natureza da ação, da atividade proposicional (atividade que contém um propósito). Aí se mostra uma decisão, um horizonte teleológico.

A argumentação de Young para mostrar o valor do propósito (a teleologia) como fundamental no processo de evolução e da explicação cosmológica, chama atenção para algo corriqueiro da ciência. A ciência determinista, constrói todo seu edifício com três medidas, sendo elas a massa, a extensão e o tempo, incluindo suas combinações. Mas aí não aparece nada a respeito do propósito.

A fórmula da ação, diz ele, mostra indícios de que aí mora o propósito: ML^2/T. E é a partir da ação, o quantum de ação que tudo deve ser revisto. Mas atenção, essa ação é primordialmente, o fundamento de todo o acontecimento evolutivo.

Essa ação primordial e fundante é a luz. A luz é a causa primeira, de onde e por onde se faz todo o universo. Mas a luz como o todo discreto, unitário. O quantum de ação. E o propósito está no todo e não nas partes. O propósito se percebe quando uma cadeira é posta para ser usada. O propósito não é percebido na consideração de suas partes. E por qual motivo? Porque o todo (a cadeira) não funciona se for dividido em partes. Se a ciência costuma trabalhar com massa, ou com extensão ou tempo, ela não irá perceber o propósito que o todo demonstra. É por isto que se pode dizer que o todo existe antes das partes. E ainda; que as partes derivam do todo.

Assim a luz é a causa primeira como sendo totalidade. Vejam:

Luz = quanta de ação = totalidades discretas = primeira causa

Deste modo, dizer que a ação tem a fórmula ML^2/T, é também dizer que aí se considera o todo, ou os todos discretos (conforme Heisenberg), e só depois considerar o que daí pode ser derivado como massa, extensão e tempo. A ação precede as medidas.

— Mas professor, não era mais fácil dizer que "Deus fez a luz", conforme a revelação? - Parvólio ainda estava segurando sua bíblia cultural na cabeça.

O professor ficou um pouco sem graça, porque viu que os estudantes não estavam acompanhando de perto a apresentação. Teve que refazer o percurso do que vinha sendo apresentado para poder entrar no assunto "universo" como se propôs no início de toda essa confabulação.

— O autor Young que estamos apresentando, não tem certeza de que um "deus" teria feito luz. Digo isto, porque estamos apresentando um pesquisador, e não defendendo uma hipótese com a finalidade de fazer dela uma verdade irrecusável para quem quer que seja.

Esta apresentação da proposta do autor não está dizendo que ele é a palavra final sobre o assunto. Para este autor, a luz, como causa primeira, bem pode ser o início de tudo sem que se precise lançar mão de um "deus" para garantir tudo o que se vai dizer. O próprio Descartes, pesquisador bem conhecido, achava que as pessoas teriam que pôr esse Deus entre parênteses. Para descobrir o valor do cogito, a busca teria que ser a partir do próprio cogito.

Então pessoal, para falar das questões do universo, de início enfrentamos a barreira dos pacotes culturais que povoam a cabeça das pessoas e as tornam caixas de ressonância do que esses pacotes culturais falam dentro delas. Foi aí que começamos a afastar tudo que fosse possível para podermos chegar ao assunto "universo", livrando-nos dos clichês injetados na mente das pessoas pelos pacotes culturais. Os pacotes culturais se revelaram barreiras que fecham a visão para o que seria uma ampla janela aberta mostrando incomensurável paisagem cheia de oportunidades oferecidas à percepção.

Depois de examinarmos a fragilidade de alguns pacotes culturais que aqui foram aparecendo, trouxemos um autor que fala da luz, visto que alguém colocou a temática da luz.

Este mesmo autor teve que enfrentar pesados pacotes culturais para poder dar forma à sua proposta sobre o universo. Primeiro ele identificou a ciência determinista (a ciência newtoniana, de modo geral) como a que se fechou em "mandamentos", tal como o que diz que chegar à formulação de uma lei física é ter a última palavra sobre a descrição ou explicação da realidade física e suas transformações.

A "lei física", como uma verdade final e inabalável, se torna uma barreira que obscurece a visão. O autor, então, examinando as questões em torno da luz (o fóton), chega ao ambiente da Física Quântica, apresenta os achados de Planck, Heisenberg, e outros. Mas traz uma pesquisa muito sensível e interessante, quando apresenta as proposições de Leibniz sobre a teleologia da luz. Afirmações também formuladas por Planck e Heisenberg, e até mesmo por Whitehead.

O resumo disso é que a luz é uma vontade livre como Quantum de ação. A luz é ação com um propósito. E toda ação tem um propósito. E o detalhe: a luz como uma totalidade, um quantum discreto, por ser totalidade, demonstra ser um propósito, em si. O todo conduz um propósito porque tem uma função, o que as partes não poderiam ter como sendo partes. A função é expressão de uma propositividade.

E mais, este pesquisador faz toda esta cuidadosa elaboração sobre a luz, porque percebeu que a realidade, como um todo, só será entendida corretamente se se levar em conta a presença da luz em todo o desdobramento evolutivo, em termos da organização interna dos entes desta natureza física.

A outra razão de o autor de **The Reflexive Universe** se esmerar para dar os contornos científicos dos desdobramentos evolutivos que ele chama de os sete Reinos, com base na Física Quântica, primacialmente, é que ele quer fazer um caminho demonstrativo seguro. Neste caminho, os conhecimentos científicos que acompanham a Física Quântica se mostram a ferramenta apropriada e de grande alcance para traçar um esboço de uma evolução fundada na luz, ou seja, numa teleologia quântica, diferentemente de outras concepções. É possível esboçar uma cosmologia, com as conquistas da Física Quântica. Ou seja, é possível contar a história de nossa vida na Terra e, baseados no 7º Reino, conhecer melhor a história evolutiva do universo. Tal é a proposta do engenheiro e filósofo Young.

Ao se apoiar na ciência entendida como Física Quântica, esta proposta não diz que a luz seja uma entidade inteligente, criadora, que, a partir do nada, realizaria coisas extravagantes. O que vai por dentro da proposta é que a luz é um fenômeno eletromagnético, como descreveu Maxwell. E, como tal, já dá as balizas para os desdobramentos descritivos e classificatórios que a proposta de Young traz.

Com muito cuidado Young vai procurar mostrar as características deste propósito (*will*, no texto), dessa vontade que aciona toda a evolução. Diz o autor no capítulo IV: "tenho medo de que este propósito (*will*) pareça não científico, mas espero mostrar o contrário".

Neste ponto, Parvólio intervém:

— Então a luz nas coisas é a vontade de Deus, o propósito que Deus tem ao criar as coisas. Concorda?

— Ôôô, Parvólio, neste esboço de uma evolução para além do positivismo empirista, para além de um mundo fechado em leis científicas congeladas, o autor não diz que um deus esteja por trás escondido nisso tudo, ou que ele seja uma luz como um espírito dentro da matéria. Nada disso.

Young quer comprovações científicas dos vários momentos evolutivos que aconteceram desde o fóton, passando pelas partículas nucleares, indo pelos átomos e chegando à complexidade molecular. E essas comprovações são fornecidas pela Física Quântica, ciência avançada, e não por revelações míticas ou religiosas. E "deus" não é objeto de ciência.

O autor, no final do trabalho, quer antever "deus" (*god*) como a projeção evolutiva do 7º Reino. Seria a projeção do homem (entendido como um avanço evolutivo). Para Young, cada momento evolutivo (cada Reino, o Reino animal, por exemplo) já tem uma tensão para o seu avanço em direção a um Reino seguinte. A projeção evolutiva do homem é entendida como um avanço que inclui o ambiente das galáxias.

Além disso, o percurso da vida prodigalizado pelas estruturas moleculares e que eclodiram na vida como plantas, e depois como animais e, enfim, como o homem, este percurso da vida é também analisado pelas manifestações do *quantum of action*, do quantum de ação, pelo que se pode encontrar, também nos entes vivos, acontecimentos que, ao fim e ao cabo, são acontecimentos prodigalizados pela incerteza quântica (vejam a demonstração de Heisenberg e os desdobramentos disso em todo o mundo físico, químico e bioquímico).

Ainda no capítulo IV, o autor vai dizer que o critério sobre os graus de liberdade da matéria, culminando com a liberdade nos entes vivos até o homem, esse critério traz mais precisão ao conceito de propósito (*will*), porque oferece medida quantitativa.

Por isto, ele desenvolve uma série de critérios para se manter dentro das delimitações e revelações que a luz, como critério fundamental e quântico, exige. E a luz é o fundamento das medidas quantitativas da matéria.

Assim, ele lista um primeiro critério que é a divisão da unidade inicial do fóton em E x T (Energia x Tempo) e depois em L x F (Extensão x Força). Para quem conhece física, isso é simples.

O segundo critério apresenta uma outra divisão, que vai da homogeneidade para a heterogeneidade, em que o fóton tem *spin* mas não tem carga, depois os diversos tipos de partículas nucleares, que têm 1/2 spin e carga positiva ou negativa. De seu lado, as dezenas de tipos de átomos apresentam diversas propriedades químicas. Por fim, os incontáveis tipos de moléculas trazem numerosas propriedades, químicas, elétricas, mecânicas e fisiológicas.

O terceiro critério chega aos graus de incerteza quântica. É um critério a que o autor empresta muita relevância e o divide em 4 níveis.

O Nível I é o do fóton (1º Reino). Por si mesmo é invisível e não predizível, pois se alguém tentar localizar com alguma artimanha, ele é aniquilado. Para produzir um próton, sua energia é de um bilhão de elétrons-volt. Todos os fótons, por este critério, têm total liberdade.

O Nível II designa as partículas nucleares (2º Reino), prótons e elétrons. Estas partículas foram criadas pelos fótons e constituem a matéria básica do universo. Têm massa e carga constantes. Como nem tudo de seu momento angular (atividade) se condensa em massa, elas têm uma liberdade relativa, e, neste caso, o grau de incerteza (posição e momento) acompanha esta liberdade. Em outras palavras, as partículas acusam menor liberdade que os fótons.

O Nível III classifica o átomo (3º Reino), construído de partículas nucleares. Mas sofre uma redução. A energia que o átomo absorve ou irradia é de apenas 1/10 elétrons-volt.

O Nível IV mostra a molécula (4º Reino). Suas ligações moleculares é que têm energia e elas cobrem um largo espectro. Chama a atenção a energia de 1/25 elétrons-volt. Esta energia em temperatura ambiente é a que, conforme a proposta de Young, proporciona o aparecimento da vida. Essas ligações moleculares não são vistas simplesmente como ganchos ou apensos mecânicos. São atividade renhida.

Esses 4 graus de liberdade do Nível I ao Nível IV, representam uma queda da especificidade da liberdade. Esta queda chega à molécula com um grau praticamente zero de liberdade. Mas é a partir da molécula que a vida irrompe, e com esta vida, a liberdade se torna mais explícita nos entes da Terra. A planta, se está fixa no chão, ela garante sua reprodução e seu crescimento (Nível III). A planta é 5° Reino e é posta no Nível III de liberdade. O animal (6° Reino) - de um nível maior de liberdade, Nível II, é capaz de se mover e escolher onde irá beber água, ou como irá evitar os predadores no seu ambiente. Já o homem (considerado um 7° Reino) demonstra muito mais capacidades de escolhas e decisões (situa-se no Nível I, análogo ao 1° Reino).

Este é o esquema do autor: o ARCO e seus elementos.

Nível I	1 Fóton	7 Homem
Nível II	2 Partículas	6 Animais
Nível III	3 Átomo	5 Plantas
Nível IV	4 Moléculas	

Agora, o autor diz que a liberdade ascende do Nível IV ao Nível I, pelo lado direito de seu esquema em V. A queda da liberdade na evolução desceu o "V", pelo lado esquerdo, saindo do Nível I e chegando, no fundo, ao Nível IV. A partir daí, a liberdade, com a chegada da vida, ascende, pelo lado direito, do Nível IV ao Nível I. Os lados do "V" são simétricos. Temos então, um arco (este "V" esquemático) em que os Níveis de liberdade são I, II, III, IV, na vertical.

Este é um critério de leitura e descrição dos eventos evolutivos que ampara o autor em sua caminhada para provar que a evolução tem a ver com o aspecto da liberdade, entendida como um propósito que permeia as leis, ditas leis da natureza.

O "V", como diagrama de um esquema, mostra uma simetria, se correlacionarmos o lado esquerdo e o lado direito, simultaneamente. A simetria correlaciona o Reino 1 (Fóton) com o Reino 7 (o Homem). Abaixo destes Reinos, vem o Reino 2 (as Partículas Nucleares) e o Reino 6 (o Animal). Em seguida o Reino 3 (os Átomos) e o Reino 5 (as Plantas). No fundo do "V", está o Reino 4 - Molecular, sem correlações.

Este "V" esquemático, se mostra como um revelador de restrições à liberdade. Assim no Nível IV, Reino 4, Molecular, temos 3 eixos de simetria. São os cristais. Esses três eixos representam uma camisa de força. Os eixos são critérios quantitativos, mas que apontam para condições qualitativas (a liberdade). Grau zero de liberdade (0°) para este Reino, dito molecular, por ser limitado de três eixos.

Já no Nível III, o dos Átomos (Reino 3) e das Plantas (Reino 5), os eixos são apenas dois, simetria radial. Aí temos o Grau um de liberdade (1°): a planta pode crescer verticalmente. O Nível II traz o Grau dois (2°), de liberdade. É porque tem um só eixo de simetria, simetria bilateral: o animal tem lado direito e esquerdo e pode se mover horizontalmente e verticalmente.

O Nível I, do Fóton (Reino 1), aponta para ao Homem (Reino 7). São correlatos. O fóton pode estar em qualquer lugar dentro de um raio de 360.000 km/s. Ninguém segura um fóton. O homem, o representante do 7° Reino, ainda precisa de um quadro de argumentações que consolidem este 7° Reino como um momento alto da evolução, embora ele não seja entendido como o conteúdo único deste reino.

É importante fazer notar que os acontecimentos quânticos relativos ao fóton (do N. I ao N. IV - Fóton, Partículas, Átomo) e sua caminhada em queda de liberdade até à molécula (Nível IV), estes acontecimentos quânticos também se manifestam nos N. III, N. II, e N. I do lado direito do "V", o lado ascendente da liberdade: da planta, indo para o animal e chegando ao homem.

Por serem acontecimentos quânticos, a análise é feita em termos da física. E isto aparece em todos os capítulos deste trabalho **The Reflexive Universe**. O autor quer dar medidas quantitativas e precisão aos fatos evolutivos. Não os trata como casos de uma bizarrice espiritualista. Ele escolheu o critério científico, o critério das ciências que acompanham a Física Quântica e suas premissas.

NEWTON ENTRA EM CAMPO - A FORÇA E O CONTROLE

Mas, se estes dois lados do "V" (o arco) têm semelhanças e simetrias correlatas, têm também diferenças.

Vejam vocês, do lado esquerdo do arco, têm-se os objetos das ciências exatas. E do lado direito do arco, tem-se a Vida, não tematizada pela ciência.

Os reinos do lado direito apresentam um crescimento (para o alto do arco) de habilidades adquiridas não presentes nos objetos do lado esquerdo. O lado direito é o lado do que é voluntário. O lado esquerdo é o lado do que é aleatório. Se o movimento das partículas nucleares é aleatório, o movimento dos animais é voluntário, por exemplo. Trata-se da habilidade que se expressa no controle. O controle, como conceito, vem pelas ferramentas da ciência.

Young vai à Teoria da Gravitação de Newton, para elucidar o que ele entende por controle.

As taxas de posição de um corpo, velocidade e aceleração, podem levar à formalização da taxa de controle. Considere um carro parado. É sua posição (L)

Se o carro se põe em movimento, temos uma velocidade. Daí: $V = L / T$ (a mudança de posição (L, *Length*) relativa ao tempo).

E a Velocidade é conhecida como primeira derivada, da posição.

Em seguida, se o motorista acelera, temos a aceleração, que aparece como a taxa de mudança de velocidade pelo tempo.

$A = V / T$ Esta é a segunda derivada.

Mas $V = L/T$, então: $A = L / T^2$

Velocidade e Aceleração estão na base da teoria da gravitação, lembra o autor.

O autor reclama de não saber o motivo de Newton não trabalhar a terceira derivada, embora a tivesse mencionado. Para Young, a terceira derivada é certamente o controle. Sendo a terceira derivada a mudança da taxa de aceleração temos o Controle. Assim,

$C = A / T$

Mas $A = L / T^2$,   então: $C = L / T^3$

— Mas acontece que eu não tenho curso de física e não consigo acompanhar essas equações.

— Estou sabendo, - respondeu o Pesquisador à objeção do estudante de cabelos esvoaçados.

Apresentei essas expressões newtonianas para ilustrar o modo como o autor vai costurando os argumentos de sua evolução das espécies (os 7 Reinos), sendo ela também uma evolução com um itinerário feito pela liberdade.

O controle se mostra quando um animal resolve ir a um bebedouro e evita outro por causa de predadores. O controle é o critério básico para descrever os seres do lado direito do arco (o "V"). O controle é a evidência da vida, diz Young.

Se a ação (o Quantum de ação) do Reino I (Fóton) foi esmaecendo até chegar ao Reino 4 (Moléculas), esta ação, plena de propósito (*will*), é retomada em termos de controle (ou de força, se se levar em conta a massa na aceleração). A força é ML / T^2. Ao descobrirmos como controlar a força (ou seja, C x F (L / T^3 x M L / T^2), criamos a "virada". Essa multiplicação dá M L^2 / T. No caso do Nível I, o do Fóton, M L^2 / T, esta expressão indica o auto-controle (a ação, o propósito), pelo fato de o Fóton ser a primeira causa.

O controle, como ato de vontade, como exercício de liberdade, se mostra em todo tipo de manifestação, como no caminhar, no falar, no ficar de pé, e não só no deslocamento de algum veículo.

A virada, a volta, se manifesta neste Nível IV, o da Molécula, onde os polímeros se mostram capazes de prover energia e de se pôr contra a entropia. E essa capacidade sinaliza um ato de vontade, um controle. Não se trata de "vida" propriamente dita. Mas a cosmologia que se pretende, neste Nível IV, o da Molécula, dá indícios de que opera com um controle próprio.

Se a "mônada" (a ação, o Quantum de ação) começa com bilhões de elétrons-volt, em sua descida pela construção das Partículas Nucleares e do Átomo, ela chega ao final do abismo - o Nível IV - Molécula, com apenas a fração de um volt.

A virada, neste ponto, a cargo da Molécula, é uma disposição interna de ir contra a entropia. E isto representa um ato voluntário e não uma decorrência de leis químicas simplesmente. E a expressão M L^2 / T, aqui, indica um primeiro passo de retorno, ou da recuperação em novos níveis, da liberdade, da expressão da ação (a mônada), ascendendo pelos Níveis V, VI e VII, o das Plantas, o dos Animais e o do Homem.

Neste ponto, é bom destacar alguns pontos da proposta de Arthur Young, sobre uma evolução que não fica só em leis naturais, objeto da pesquisa e formulação da Física Clássica.

Sua evolução não é simplesmente a "evolução das espécies", da linha de Darwin, da qual se afasta.

Sua busca vai mais longe, não só se servindo da vasta elaboração do mundo da Física, mas também dos escritos de antigos mitos e religiões. A Física oferece elementos de leitura dos acontecimentos físico-químicos da matéria, mas os escritos míticos e religiões mostram algo mais que o autor chama da ação, liberdade, ou controle, que permeia a matéria e que dinamizam as estruturas de cada estágio evolutivo, propelindo cada estágio para o seu seguinte.

Esta ação, é o próprio Quantum de ação, tal como definido por Werner von Heisenberg. E esta ação, no Fóton é o auto-controle, a liberdade sem margens. O itinerário dos momentos evolutivos, a partir da Luz (Fóton), diz que a luz, como causa primeira, estará presente em todos os seres por ela gerados na evolução dos 7 estágios (7 Reinos).

A presença das estruturas da luz em termos de partículas nucleares, átomos, moléculas, solicita que se interpretem os acontecimentos da vida, os das Plantas, dos Animais e do homem, como eclosão da liberdade inicial do Fóton, chegando até um ápice que se pode nomear de domínio ou consciência (***nous***, conceito grego).

A COSMOLOGIA QUÂNTICA, UMA CONQUISTA DA EVOLUÇÃO

A Física Quântica, então, se mostrará presente em todos os estágios, podendo ela ser reconhecida como um instrumento racional fundante de uma cosmologia em termos mais basilares.

A incerteza quântica e a complementaridade onda-partícula devem ser reconhecidos na explicação dos processos evolutivos, bem como, e por isto mesmo, no reconhecimento do propósito (a vontade, a liberdade) em todo o universo, como o grande organismo da luz.

— Sim, mas então esse autor segue uns autores de ciência que são pacotes culturais, não é verdade?

— Pois é, o professor adotou esse pacote cultural? Está sutilmente oferecendo isso para nós?

O Pesquisador deu uma solene risada. E fez a seguinte declaração:

--- Bem pensado. Não sigo esse autor. Não adoto esse autor. Achei-o interessante para entramos no assunto de uma concepção alternativa do universo. Ele tenta formular uma cosmologia com base na Mecânica Quântica. É uma proposta cheia de hipóteses, e pouco de tese final.

— Se é tão fraco assim, por que gastar tempo com ele? - rebateu Gulag.

— Ora, meu estudante, porque ele teve fôlego para apresentar uma alternativa a respeito da formação da matéria e sua evolução, e adicionou argumentos que quebram paradigmas. O assunto dele é o universo e sua meta como o modo de a luz, como a que criou o início de tudo, chegasse à sua autoconsciência, coisa que os místicos e diversas mitologias exprimem com palavras como "deus", o "inefável", o "indescritível", etc.

Ele dá outra direção aos achados de Darwin, refaz o caminho de Newton com relação à teoria gravitacional, traz interpretações arrojadas a respeito do Princípio da Incerteza de Heisenberg, acompanha Eddington numa possível reconciliação entre a Teoria da Relatividade e a Teoria Quântica. E muito mais. Chama de "conhecimento" o que vem pelas escrituras da literatura de hindus, dos hebreus, e de outros.

Destes últimos, os místicos e as mitologias, ele retira a insinuação de que há alguma coisa a mais do que se vê pelos olhos da ciência e que só se pode ver com outro tipo de olhos.

Na verdade, ele puxa o princípio de causa e efeito, para dizer que o efeito, que veio de uma causa, revela aí um propósito (uma meta a ser atingida). Diz também que o todo (o efeito) precede as partes com relação à amostragem deste propósito. As partes de um helicóptero não têm nada a dizer a respeito do propósito. Mas o helicóptero pronto dá notícia do que vinha no caminho da causa e efeito, revelando o propósito que o tornou possível.

Esse propósito era a preocupação dos escribas antigos, dos mitos e das religiões, que buscavam o que supostamente vinha no âmago do universo.

Nesse ambiente, Young aponta o homem como um estágio que tem continuação para além do próprio homem. Ele fala, não com relação ao corpo, mas com relação ao "domínio" e à autoconsciência. Algo inefável, indescritível, na linha do conceito de deus. A evolução que chega ao homem, aponta para além do próprio homem, como a conquista do inefável, e que chamam por vezes, de "deus" (*god*), diz o autor. Esse inefável, o supremo, não pertenceu aos estágios anteriores do domínio, porque se trata de uma *no-thing-ness* (uma não-coisidade). Neste contexto, o homem tem que se superar alcançando esse nível supremo, como sendo um infinito (ao modo do Nível I, o da luz), não simplesmente como "algo que não tem fim", mas como uma não-coisidade, uma não coisa.

E é esse inefável, esse supremo não coisa, aquilo mesmo que se revela como sendo a continuação das conquistas da evolução, através dos sete estágios (os sete Reinos, de que ele fala). Ou seja, a luz inicial, por estes sete estágios, chega à sua meta de autoconsciência e de domínio universal, atingindo sua meta de autoconsciência como não coisa suprema.

O autor repisa estes conceitos diretrizes de sua pesquisa e proposta. É só consultar o capítulo II, XII e o XVI, para ter as próprias palavras de Young sobre isto.

Em resumo, ele fala da luz e da matéria como um casamento que precisava ser feito, porque o "intercurso" entre a luz e a matéria gera a sequência dos 7 Reinos da evolução, e remete a luz para sua meta de ser o ser inefável, e divino, designado como "deus", por alguns.

E a luz aparece como a ação, o Quantum de ação, a liberdade que busca sua autoconsciência no interior de tudo que ela irá prodigalizando como o desdobramento evolutivo dos sete Reinos. É a ação da luz, a atividade inerente a todo ser que toma forma neste universo, que faz as coisas acontecerem do modo como acontecem (em termos de evolução).

Não haveria possibilidade de o universo gerar a si mesmo, como matéria.

E ele explica assim: a luz, o fóton, é o início de tudo. Sua ação se condensa nas Partículas Nucleares. Pronto: aí está a matéria, mas esta matéria carrega a luz nela. Carrega a inquietude da liberdade. É um movimento, um acontecimento, como descrito na lógica hegeliana. Ou seja, a identidade inicial (a luz), se faz diferença como sua negação (a matéria, em termos de Partículas Nucleares) e chega, por aí mesmo, à identidade da identidade e da diferença. A matéria carrega a vontade de chegar a uma meta. Quer chegar às metas intermediárias e à meta final de se constituir na **auto-consciência** que tudo criou. A cosmologia quântica e *a suprema não-coisa auto-consciente* como a meta da luz desde seu início.

Há elementos cruciais a serem destacados no trabalho de A. Young - **The Reflexive Universe**.

O primeiro deles, seu ponto de partida, é o conceito de luz como sendo um "espírito". A luz é a causa primeira. A matéria primeira (as Partículas Nucleares) serão a "alma", para o autor.

Desde o início, o autor insiste que a ciência será um algo congelado, sem movimento, se não prestar atenção nos conceitos gerados pelos místicos pelos escribas religiosas e outros, como os mestres budistas, por exemplo. Examina os mitos do Gênesis hebraico, e outros trechos do Antigo Testamento bíblico, examina os mitos egípcios, iraniano, grego, e o Popol Vuh. De modo particular, as Cartas de Mahatma, de que ele dá a fonte, logo na Introdução de seu trabalho, lhe deram um mapa a respeito da evolução: trata-se de que há 7 Reinos, e não só os três Reinos da natureza conforme a tradição ocidental: Reino Mineral, Reino Vegetal e Reino Animal.

Para o autor, esses mitos antigos revelam o algo mais que a matéria contém: um propósito, uma tensão interna à matéria para alcançar uma meta.

Assim o autor trabalha com dois pressupostos: um deles, é de que a luz, de algum modo, coincide com o "espírito", ou a vontade do supremo inefável criador de todo o universo. Por aí o autor segue os mitos e livros ditos revelados.

O segundo pressuposto é de que é a luz que provoca o aparecimento da matéria (Partículas Nucleares) e o desdobramento de toda a matéria como o desdobramento de sua (a da luz) vontade (*will, purposiveness*) de chegar ao supremo grau de sua manifestação como auto-consciência e não-coisidade (*no-thing-ness*), através de sete estágios (ou Reinos).

Veja bem, quanto à luz, o autor segue os conhecimentos das ciências contemporâneas. A Física Quântica é seu guia e seu manancial de desvendamentos para sua hipótese de 7 estágios evolutivos. Só que estes 7 estágios, satisfatoriamente explicados pela ciência em seus desdobramentos, são empréstimo, como classificação, de um mestre oriental (Mahatma).

Em resumo, o caminho da ciência será desvendar a presença dessa vontade inefável (o supremo inefável) na matéria que vai evoluindo pelos bilhões de anos no universo.

Essas colocações de Young fazem ressoar, meio à distância, conceitos de Hegel, no seu Ciência da Lógica. O conceito de totalidade da luz ("espírito") e sua inefabilidade, em Young, diz também que a matéria (a "alma" - a condensação da luz em Partículas Nucleares) é o modo como a totalidade do ser faz o movimento (reflexão, em Hegel) demonstrando sua totalidade como exterioridade. Dito de outro modo, a interioridade essencial (a luz como propósito), faz o movimento de se mostrar na exterioridade temporal, como totalidade também, com relação a si mesma, no caminho de sua autorrealização, que será a do "espírito" no total domínio de sua autoconsciência.

É o mesmo que dizer, parafraseando Hegel, que o real deste universo, como totalidade, se explicita em Lógica (a liberdade originária, em si mesma, como luz), Natureza (os 7 estágios evolutivos) e Espírito (a Luz como o divino inefável, o absoluto, o indescritível, também designado deus), no ponto de consumação de seu caminho de desdobramentos.

Repetindo o que o autor Young diz no final de seu trabalho:

—. *O que estamos fazendo com este livro é mostrar que a ciência confirma a verdade dos mais antigos mitos sobre o espírito e a matéria, pois o fóton, ou o pulsar da luz inicial, é o companheiro não material, cuja interação com a matéria cria a atividade, quer a atividade seja o movimento das partículas nucleares, as mudanças de energia dos átomos, as mudanças das ligações nas moléculas, ou seja a fotossíntese das plantas* (vocês encontram isso na página 280, da 6 ed.).

O NÃO-RACIONAL E AS BALIZAS DO INTELECTO RACIONAL

Até agora fizemos algumas anotações (1) a respeito de conceitos do autor, (2) a respeito de seu esquema (hipótese de base) da formação do universo, e (3) a respeito de elementos assessórios (teorias científicas filosofias e mitologias).

Agora entraremos num ambiente que analisará a consistência de sua hipótese de base e outras que completam o quadro de proposições. A "consistência" se refere ao alcance, ou mesmo à limitação de sua proposta, dentro de nosso ponto de vista.

1 - Assim, em cada abordagem do autor, a cada passo que ele dá na elaboração de sua proposta, ele procura se cercar de certezas, de comprovações, de embasamentos racionais. Esses embasamentos racionais são o quadro das ciências, a geometria projetiva do torus, em primeiro lugar. Quer lidemos com a partícula, quer lidemos com o universo de partículas, a topologia é toroidal, reforça ele. O torus traz um alicerce sólido para a afirmação de que a evolução se desenvolve em 7 estágios. Os sete postulados de Veblen (em **Mathematical Science**; Veblen, de Harvard, foi seu antigo professor particular para matemática), lhe trouxeram grande conforto intelectual por se encaixarem na descrição dos sete estágios evolutivos (7 Reinos), e se mostrarem correlacionados com a geometria projetiva do torus. Além disso, o volume (geométrico) do universo de Einstein-Eddington, universo como hiperesfera, apresentava uma fórmula que coincidia com o volume do torus. Vejam isso no Apêndice II, do **The Reflexive Universe**.

1.1 - Enfim, Young estava preocupado com balizas e alicerces para sua proposta geral. Sem dúvida foi um belo trabalho intelectual, cuidadoso, e que oferece muito para ser explorado.

1.2 - No entanto, tudo que foi apresentado, o autor o situa dentro deste universo. Quer se trate da luz como o item originário, seguida dos sete estágios evolutivos, quer se trate da luz, no sucesso de sua evolução criadora, como sua auto-consciência, ou a auto-consciência divina do próprio universo.

2 - Seu método de busca foi um tipo de camisa de força que o reteve no interior deste universo, e lhe dificultou o acesso a outros universos, embora tenha aludido a eles.

2.1 - Sua busca tinha, desde o início, o sopro das teologias e mitologias. Young, então, se servia de dados, de escrituras, de terceiros, para ter uma visão geral que abarcasse a amplitude do arco que ia das origens ao término da evolução e criação do universo.

2.2 - Servir-se da visão de terceiros é deixar-se impregnar por um corpo estranho. O percurso que o autor fará já não representa ele próprio, mas o vulto desses terceiros falando em sua mente. A questão é, por qual motivo se deixou cooptar, em vez de criar seu próprio ponto de partida?

Vocês vão me dizer que todo mundo faz isto mesmo. Toma alguns autores como ponto de partida. Sim, e daí todos os autores e os seus seguidores ficam no mesmo ambiente, no mesmo cercado.

2.3 - As afinidades cristãs de Young com outras abordagens ou com revelações de mestres orientais, o conduziu ao caminho já feito e sem firmeza desses mestres que testemunharam ter recebido revelações ou inspirações do "outro lado". Isto tudo seriam "conhecimentos que não estariam ao alcance da mão pelos instrumentos usuais, ou seja, pela ciência ou por filosofia e teologias (estudo lógico).

Em outras palavras, Young procurou informações que teriam vindo de fontes fora do real físico. E isto daria a tais informações um peso superior e certamente não contestável. Esse quadro de informações reveladas deveria se coadunar com as informações da ciência (física, química, biologia). Assim ele poderia apresentar uma proposta de evolução em que o divino e o real fossem o mesmo. E fica parecido com Hegel e sua **Fenomenologia do Espírito**, com respeito ao conhecimento. E sugere semelhanças com a **Ciência da Lógica**, de Hegel, no que se refere à indescritível luz e sua versão como realidade material, rumando para sua autoconsciência divina. Vejam só isso, a seguir.

- É de Hegel que a história representa um certo organismo. E, neste caso, todas as manifestações da história, no âmbito social (cultural, econômico, político, ideológico, etc.) são manifestações do espírito, a única realidade fundamental. As civilizações são manifestações finitas do espírito infinito. É então que o infinito não pode se manifestar senão através do finito.

A "luz" de Young é o infinito indizível se fazendo natureza (o finito) em evolução, e se retomando como autoconsciência absoluta (infinito).

Essas são concepções muito próximas uma da outra. Claro, Hegel faz de sua concepção um monumento à razão, um testemunho de seu "Espírito Absoluto".

Como um pressuposto sobre a identidade entre realidade material e razão (conhecimento objetivo), Young vai tecendo sua evolução em sete estágios, evidenciando o desdobramento da mesma luz inicial até culminar com a conclusão de que a realidade por inteiro é tecida de razão. E a razão que se exteriorizou, necessariamente, em realidade, se descobre e se apreende como espírito infinito. A Ciência da Lógica tem muito a dizer por aqui.

2.4 - Os "conhecimentos", vindos do "outro lado" (item 2.3, acima), como revelações, inspirações divinas, ensinamentos para iniciados, não mostram o verdadeiro autor desses conhecimentos. Ele fica escondido. E é de valor duvidoso ou nulo.

Veja-se, por exemplo, as citações que Young faz da bíblia cristã. Young não sabe que os relatos da criação no Gênesis bíblico são empréstimos de textos sumérios milênios mais antigos.

Foram descobertas em 1849, na área da Mesopotâmia (Mossul, Iraque), em escavações do que fora a cidade de Nínive, aquilo que ficou conhecido como *As Sete Tábuas da Criação*. Hoje se encontram no museu de Londres. Essas sete tábuas de argila narram a epopéia da criação. Seu título: **Enuma Elish** (Quando nas alturas... - as primeiras palavras do texto dão o título ao texto).

Na verdade, esta epopéia da criação apresenta, numa linguagem toda própria, a narrativa da formação cosmológica do sistema solar nosso. E não a magia da criação com vara de condão como sugere o texto bíblico.

Os textos bíblicos centrais são empréstimos distorcidos e adulterados dos textos sumérios ou acádios mais antigos e que são, de fato os originais. Tal é a conclusão dos estudos arqueológicos de Zecharia Sitchin e outros.

Parvólio não se conteve.

--- Mas então tudo é conto de fada? O senhor tem coragem de dizer isto?

--- Caro estudante. Estas simples afirmações que fazemos não são uma prescrição médica que alguém, em estado terminal, devesse tomar. Nada disso. São conhecimento disponível no mundo inteiro, feito por excelentes arqueólogos e cientistas, entre os quais destaco Zecharia Sitchin, nascido na Rússia de família judia. Procure na internet os livros dele. Você vai descobrir coisas interessantíssimas. Estas explorações em torno dos textos sumérios trouxeram muitos esclarecimentos e cada vez fica mais difícil para as pessoas se entregarem a deuses mandachuvas. Mas eu não faço prescrição para pacientes em UTI. Sugiro algumas coisinhas aqui e ali. A libertação das ilusões é um caminho pessoal e próprio. E eu te pergunto: por que você tem que se agarrar a concepções religiosas nascidas de mentalidades neolíticas? Pacotes culturais atávicos.

2 O REAL E A TOTALIDADE

Hegel trabalha um termo carregado de significado: o conceito.

E o conceito é o real.

E o real é a totalidade.

O conceito, antes que perfeição formal, é a lógica do conteúdo. E o conteúdo é o real enquanto idêntico ao racional.

Real e totalidade, conceito e racional, conteúdo e conceito. Tudo isso, 'de algum modo muito próprio, exprime uma coisa só.

Chamemos isso de o todo, a totalidade do real.

A totalidade, em Hegel, exprime não uma coisa parada, mas um movimento de auto expor-se e de retornar a si mesmo como autoconhecimento, como conceito. Pelas vias da negação, a mediação.

A consciência racional identifica uma coisa, mas essa coisa, na sua imediatidade e singularidade, não é o real. Então pela negação da imediatidade a razão descobre essa coisa como a totalidade que se mostra. O real é mediatizado pelo movimento de se mostrar e negar a imediatidade. A coisa imediata é ilusão. Mas a negação, de sua imediatidade sensível, restaura a totalidade.

Dito de outra forma: você diz: isso aí é finito. Mas a consciência só pode enunciar o qualificativo "finito" se tiver como pano de fundo o conceito "infinito". Neste momento, o que se disse (isso é finito) é negado, e o infinito vem à tona da consciência. É o infinito que dá sentido à coisa finita. Ela pode ser esse imediato já aí, mas ela tem sentido somente no âmago do infinito. E o infinito é a totalidade. O real. O todo, então se mostra na coisa aí. E pela negação do isolamento da coisa, se afirma a coisa como o infinito que se mostra. E se mostra à consciência. Então, é a presença dessa totalidade imanente que se mostra à consciência, no mundo das coisas, como o real emergente.

O real, como conceito, é a dimensão interior da totalidade, e também a dimensão ilusoriamente "exterior" da imediatidade da coisa já aí.

Essa proposta de Hegel se funda numa tese de base: a apreensão racional do real é a apreensão e decodificação da totalidade.

A totalidade é o real. A totalidade funda a possibilidade de consciência do que seja a realidade das coisas, das sociedades, da história.

Toda elaboração de conhecimento é o espírito absoluto fazendo seu caminho pelos degraus da dialética através das mediações da negação. O sistema da lógica se mostra como sendo o processo da liberdade e a autoconsciência do espírito absoluto. Um processo no correr da história. Assim colocou Hegel em seu trabalho Fenomenologia do Espírito e em sua Ciência da Lógica.

Então, o TODO é o oceano e dentro dele os seres marinhos (todas as coisas deste universo do homem, incluindo nisso sua produção cultural e sua organização social) adquirem vida e sentido.

Tudo é o real. Tudo é a totalidade. Tudo, finalmente, é o conceito. Tudo é o Espírito Absoluto. O ponto de chegada é a consciência disso tudo. Trata-se finalmente do autoconhecimento do Espírito Absoluto em sua marcha como História.

A totalidade do Espírito Absoluto se mostra na singularidade e multiplicidade das coisas neste universo. Mas a totalidade, só na condição do conceito. O universo do homem como consciência do Espírito Absoluto, é o conceito.

A CONSCIÊNCIA DA TOTALIDADE É A LUZ

Caros estudantes, vejam esta linha de termos hegelianos: a totalidade, o real, a negação, o conceito, o autoconhecimento, o Espírito Absoluto.

Aí diz que a história da consciência é a história do Espírito Absoluto. Repetimos, assim, o que já foi dito.

Vocês já ouviram falar da Física Quântica. Ela assume as experiências e achados de diversos pesquisadores renomados, que dão notícia de que a luz é onda e é partícula ao mesmo tempo. Claro, isto é um paradoxo. Desconcertante. Alguém já viu uma roda quadrada? É por aí.

Pois bem, Hegel que escreveu a Fenomenologia do Espírito e a Ciência da Lógica, não percebeu que ele estava lidando com a natureza da luz, ou seja, a luz como onda e a luz como partícula. O aspecto onda da luz aparece em Hegel (sem que ele soubesse), quando ele fala da totalidade como sendo o real. E o aspecto partícula da luz aparece em Hegel (sem que ele soubesse), quando ele fala nas coisas singulares, no homem, nos eventos da história.

Vamos colocar as coisas de modo mais didático. Acompanhemos uma abordagem da teoria física da luz.

A luz é algo primário no universo. E não há algo que incida sobre a luz para ela ser detectada e analisada. Por isto se diz que é impossível de ser descrita. Para os físicos, a luz não tem massa, não tem carga e é por isto que os relógios param à velocidade da luz (como diz a teoria da Relatividade). A luz não tem tempo e o espaço-tempo da luz é extensão zero. A velocidade da luz no vácuo não é movimento, visto que não pode ter nenhum outro valor. Se os objetos podem ter uma variedade de velocidades, a luz não tem. E não pode estar em descanso. A luz atravessa o espaço sem qualquer perda de energia, e isto significa que "espaço" é um termo sem significado no mundo da luz. Pela luz nós vemos, mas ela não pode ser vista. A luz vê.

Tudo isto sobre a luz, é uma visão que colide com a de alguns cientistas.

O fóton, vejam só, só pode ser visto uma vez. Detectá-lo é aniquilá-lo. A luz é pura ação (Quantum de ação) e não se prende a qualquer objeto. Por fim, a luz se irradia em pacotes (Quanta), e não perde energia no caminho de seus alvos. Toda troca de energia, no que diz respeito à luz, é feita em pacotes discretos indivisíveis, os Quanta de ação, na expressão de Heisenberg.

Alguns cientistas levantaram a hipótese de que a luz, para viajar pelo espaço aberto, precisaria de um "meio", que seria o "éter". Mas outros verificaram que não existia esse "éter". A luz como onda, frequências de onda, permite a comunicação sem fio, no planeta inteiro e mais longe.

Da luz tudo procede. Dela se formam as partículas nucleares, e estas partículas engendram os átomos, e os átomos dão forma ao que chamamos de moléculas. As moléculas são o caminho para os seres vivos - plantas, animais, o homem. Essa foi a sequência que apresentamos acima, quando falamos da obra de Arthur M. Young. Mas não é necessário esquematizar assim. Afinal, a ciência está descobrindo novidades surpreendentes em todo o universo.

De qualquer forma, falar do universo e sua formação, é falar da presença ofuscante (gostaram da piadinha?) da luz. Há muitos mais mistérios por aí ainda. Mas, por enquanto fiquemos com estas afirmações.

Vamos agora dar uma espiada no que Hegel escreveu, enquanto queria chegar à notícia final do Espírito Absoluto como conceito.

Os desdobramentos da luz, na formação do mundo material (de acordo com Young), e os desdobramentos dialéticos (de acordo com Hegel) estão andando juntos se considerarmos que ambos afirmam uma teleologia interna no desenrolar dos eventos. Primeiro, vamos limpar um pouco a área para ficarmos com mais visão do terreno, sem tanto arvoredo, sem tantos arbustos. Hegel procura elaborar e utilizar como método, uma cascata de desdobramentos ditos dialéticos, com recurso a uma compreensão do que é para ele a negação, e a negação da negação (para simplificar).

Se aplicarmos toda essa cascata de desdobramentos, na configuração do mundo (coisas e sociedade humana, história), podemos dizer que é um modo de ler e de interpretar a formação do mundo como atos do pensar (os procedimentos da dialética de Hegel).

Esse pensar, porém, para apreender a verdadeira trama do mundo, precisa ser percebido como o pensar do Espírito Absoluto, operando pela consciência do homem, que, ao fim e ao cabo, é o pensar do Espírito Absoluto num certo estágio, e ainda não com auto-consciência final.

Os desdobramentos do mundo (a matéria, as coisas o homem e sua sociedade), são também os desdobramentos do Espírito Absoluto na sua caminha como História. Assim, os desdobramentos - dialéticos, para Hegel - demonstram serem o cumprimento de uma teleologia, um caminho que já tem traçado o seu caminho, rumo a um sucesso final. Algo que comanda desde o início.

Lembram que falamos da luz, mais acima, quando apresentamos **The Reflexive Universe**, de A. Young, onde ele, assim como Leibniz, Heisenberg e Eddington trazem a afirmação de que nos desdobramentos da matéria, há um plano traçado, etapas a serem cumpridas, uma teleologia, enfim. Esses pesquisadores anunciam sua percepção de que suas pesquisas na área da física, tornam isso evidente.

Os desdobramentos da luz, na formação do mundo material, de acordo com Heisenberg e outros, assim como os desdobramentos dialéticos, de acordo com Hegel, estão andando juntos se considerarmos que ambos afirmam uma teleologia interna ao desenrolar dos eventos neste mundo.

Young vai chamar isso de propositividade (a luz tem consigo um propósito, uma vontade de avançar e se desdobrar evolutivamente). Young, se faz porta-voz de diversos grupos de mestres espiritualistas e religiosos, e diz que o avançar da luz em seus desdobramentos, confeccionando o mundo, revela que a luz queria mesmo era chegar ao ápice de se mostrar como algo inefável e imponderável, como aquela figura que os povos chamam "deus". Mas Young não afirma que a luz seja deus, afirma que é algo, um espírito, como uma habilidade conquistada pelo homem, algo tão incrível, que é inefável, indizível, sublime, supremo.

Young insiste que o que o livro **The Reflexive Universe** está fazendo é mostrar que a ciência confirma a verdade dos mais antigos mitos. E a prova está em que o fóton, o pulsar do espírito e da matéria, ou a luz originária, é o companheiro não material, cuja interação com a matéria cria a atividade. E a atividade se mostra no surgimento das partículas nucleares, no surgimento do átomo e das moléculas, das plantas, dos animais e do homem.

Para Young, a meta da evolução é transcender limitações. E, nesse percurso, o homem, através de diversos estágios atinge, ou melhor, nele o reino do domínio faz epifania. E este reino do domínio tem como meta afinal, a evolução que se mostra, no final, como um ser ilimitado, finalmente "deus", uma existência inefável, inexprimível, um supremo absoluto. Em suma, o desdobrar-se da luz, em etapas evolutivas (sete para o autor, com sete subestágios cada), é todo o caminho para esta luz se mostrar como sendo a existência inefável, o supremo. Vejam o capítulo XVI de seu trabalho apontado acima.

Por dentro da matéria vigora um ser inefável, absoluto que vai se elaborando como um ser ilimitado. E cada etapa evolutiva faz parte desta sua auto elaboração, ou a elaboração de si como liberdade, para além da matéria, abraçando todo o universo.

Diz Young que quando a "mônada" (a luz como ação, o *Quantum of action*, o "espírito", a luz carregando um propósito), tendo completado sua descida (nos graus de liberdade, ao descer das partículas, para o átomo até as moléculas), percebe sua herança e a tarefa que estabeleceu para si mesma, e retorna em direção à sua casa, o mundo celestial, indo através, subindo, dos estágios mente2, alma2, e alcançando o espírito2.

Enfim, segundo o autor, o aspecto criativo do universo revelado pela Física Quântica vem confirmar os ensinamentos do mito e da religião revelada. A conclusão: Por isto a criação vem finalmente reconhecer a si mesma (autoconsciência se si).

Young diz reconhecer na matéria a presença de um "deus" que se mediatizou pela matéria para, finalmente, conquistar sua meta de supremo criador. Afinal a luz desencadeia a criação de toda a matéria e a ultrapassa.

Dissemos que entre a proposta de Young e a de Hegel há muita semelhança. Ambos falam de algo imanente à matéria e a história dos homens, ambos falam em liberdade que se perfaz como o acontecer dos desdobramentos da vida e da matéria, ambos falam de uma certa totalidade que abarca todo esse movimento da vida e da matéria, e ambos falam, de certa forma, de que o que há como pano de fundo de tudo isso, é um certo "espírito" que tem qualidades supremas, cuja meta, quando alcançada, é a autoconsciência de si mesmo. Agora vejamos como Hegel expõe isso. Já adiantamos alguma coisa. Vamos precisar um pouco mais.

Após fazermos a apresentação de Hegel, iremos pontuar e destacar elementos que jazem camuflados na teoria dele e de Young, e que parecem indicar algo de que nos horrorizaríamos.

Mas vamos por partes. Agora Hegel.

Hegel vai dizer que esse desdobrar dialético, de sua Fenomenologia e de sua Lógica, no mundo, é o próprio Espírito Absoluto fazendo sua História, história de desdobramentos, e chegando ao Conceito, pleno acontecimento final. Hegel faz uma salada de repolho e esconde um pouco a cebola no meio. O repolho é sua fenomenologia, e a cebola é o caso do deus cristão, que Hegel põe como um movimento também do espírito absoluto no interior da História. Esse deus de Hegel, é a consciência em marcha. Como tudo, aliás.

Em suma, a luz, para esses cientistas (no âmbito das reflexões de Young), traz um propósito e quer chegar a cumpri-lo até o máximo de si, percebendo-se como algo inefável e supremo no universo.

A história para Hegel, carrega o propósito do Espírito Absoluto que vai se mostrando e dando à consciência as regras do próprio desvendamento de si até chegar a cumprir sua autoconfiguração como Conceito, donde deriva a supremacia conceitual.

Ambos, neste ponto, dizem a mesma coisa.

Young desenvolve um panteísmo da consciência, com base em sua interpretação da Física Quântica.

Hegel desenvolve um panlogismo absoluto, com base em sua interpretação da filosofia e da lógica.

Por aí se pode ver a inutilidade das acrobacias nas barras duplas dos procedimentos dialéticos de Hegel, que o levaram à luxação dos ombros e à rotura do supra espinhal. Isso tudo é extremamente danoso para ele. E para os incautos que viram nele o suprassumo dos gênios. Todos perdem um tempo caríssimo na tentativa de desvendar essa cascata pedregulhosa de momentos dialéticos. É a ilusão cobrindo uma realidade mais tenebrosa. É a maçã brilhante e vermelhinha, da bruxa venenosa, ofertada à moça ingênua.

Essas páginas insossas de Hegel são apenas a camuflagem do tenebroso que é o conflito da sociedade humana que ele tematiza como suprassumo da idéia absoluta. Essa camuflagem redacional também esconde o tenebroso Espírito Absoluto no que ele realmente traz de escuridão. Só para dar um adiantamento, Hegel delineava de antemão, as linhas básicas, e o encaminhamento do **Das Kapital** e todo o rio de sangue que daí se originou, pelas figuras da morte como Marx, Lenin,

Stalin, Hitler Mao e todos os demais. Em Hegel, assim como em Marx, ressoava a fala do escriba que criou Moisés e sua proposta de supremacia e matança e que se alastrou como cristianismo (papas infalíveis, Inquisição, Cruzadas, guerras pontifícias, conquistas de terras no outro lado do Atlântico, saques e pilhagens dos cristãos no mundo, missionarismo). Esse grupo, com sua produção dita intelectual, conta com mais de 500 milhões de mortos, de sua responsabilidade.

No caso de Young, ele traz sua proposta de modo mais palatável, embora camuflada pelas sombras das escrituras espiritualistas e religiosas citadas por ele. Ele faz uma bebida que quer ser cristalina e atraente, embora ela esteja cheia de de vidro moído. Os seus leitores e admiradores só irão se dar conta, se der tempo, quando estiverem na UTI, com os canais sanguíneos já entupidos de pó de vidro, anunciando a descida para debaixo da terra. Sua proposta era o en-deus-amento do caminho das ciências. Todavia, quanto mais o aprimoramento científico avançou, mais mortíferas e devastadoras foram sendo as armas criadas.

As armas científicas e a dialética mortífera se uniram. A Ciência e a Dialética, sustentadas pela razão, se uniram, e os rios de sangue aumentaram em proporções inimagináveis.

A razão. É disso que se trata. O espírito, de Young e o espírito de Hegel. A totalidade racional fecha o cerco. A totalidade, como entidade racional, é a própria bolha deste universo como totalidade. O alcance das teorias destes dois é apenas o limite deste universo, a bolha.

É neste ponto que queríamos chegar para falar do universo. As filosofias, as ciências, conseguem apreender o que se insinua como imanente no movimento dialético ou nos estágios evolutivos da realidade circundante? É nossa disposição trazer aqui, em nossa conversa, as características disso que se esconde como imanência e que governa a razão do homem. Por outro lado, será só a razão o que está disponível como instrumento de acesso aos enigmas que fustigam e assombram a história humana? Queremos nesta conversa trazer a notícia desta alternativa à razão como instrumento de acesso.

O estudante de tez pálida e sobrancelhas grossas, de sua altura, teceu um comentário.

— Estamos querendo entender um pouco mais sobre este universo, como foi prometido desde o início. Como estou cursando o programa de Física, estou captando um pouco mais desta conversa no que se refere ao trabalho do citado engenheiro e físico sobre a evolução em que a luz é o ator principal.

— Eu não cheguei a tanto ainda, - diz a moça de cabelos thread. Mas estou ainda em giros mentais tentando segurar alguma coisa sobre essa dialética de Hegel.

— Faço minha também essa questão, - emendou o rapaz de tez pálida.

— É, sim, uma questão importante, - diz o Pesquisador -, visto que essa dialética é a planta que gerou o devastador socialismo que sempre tem causado perplexidade no mundo inteiro. Mas o que eu gostaria de salientar para vocês é o fato de esta matriz lógica se mostra uma circularidade como que perfazendo uma esfera e encerrando nela os que a ela aderiram. E a totalidade de que fala se parece com um ovo, sem saídas para os aí reclusos.

E mais, a liberdade de que Hegel fala, por mais que seja sempre inacabada, é o recapeamento desse ovo, em novas camadas. A consciência liberta para ele, é de fato a consciência infeliz, alienada no sistema da lógica. Sem saída por ela mesma. Por aí vocês já podem entender por que os socialismos são tão angustiantes, tão persecutórios para todos que divergem dos parâmetros da lógica que exige a própria marionetização e ossificação mental.

Sim, vamos então fazer um giro pelas proposições hegelianas.

Tendo-se presente que o Espírito Absoluto - ver a **Fenomenologia do Espírito** - é o ponto de chegada da consciência dialética, mas é um ponto de chegada que já está presente, porém ainda não na sua demonstração lógica. O Espírito Absoluto se torna a chave de leitura do Espírito Objetivo e do Espírito Subjetivo em todo o encadeamento dialético da Fenomenologia.

O Espírito Absoluto mostra a organicidade do todo da Fenomenologia, e, por aí, faz emergir o Espírito Objetivo e o Espírito subjetivo.

Que temos aí? Uma organicidade lógica. Um organismo lógico onde tudo, e cada passagem, fazem uma totalidade que mantém vivo o organismo. A consciência individual será a viva atividade do organismo contanto que seja a reverberação da consciência universal, que, por sinal, qualifica o Espírito Absoluto.

Aqui se mostra a importância da razão. Não a razão como um raciocínio comum, não um pensar corriqueiro, mas a razão dentro dessa organicidade construída pela astúcia dialética reveladora da unidade do individual e do universal, como também do subjetivo e do objetivo, do interior e do exterior. A organicidade vem dizer que os momentos antagônicos dos termos dialéticos, deixam de serem tais, desde que se perceba essa circularidade reflexiva do movimento do Espírito, ou o movimento da totalidade do real.

Essa circularidade dialética reflexiva vem dizer que a marcha da conquista da consciência do Espírito Absoluto, tem seu início nos momentos do Espírito Subjetivo, e sua reflexão como Espírito Objetivo, mas essa reflexão só é possível se desde o início a presença do Espírito Absoluto, imanente ao processo dialético, dá vida aos processos de consciência do Espírito Subjetivo e do Espírito Objetivo. O Espírito Absoluto, como sucesso do processo dialético da consciência, no ritmo de sua libertação (diz Hegel), tal Espírito Absoluto, como a unidade do Espírito Subjetivo e do Espírito Objetivo, é tudo que estava desde o início dessa operação do pensar.

A totalidade é imanente a tudo que se faz. É uma premissa tácita e própria da necessidade do sistema da lógica. Não se trata de uma criação mental. Trata-se de a consciência se fazer um (a unidade) com ela, em termos de se dar conta de que é esse organismo total. O indivíduo é individualidade se, e somente se, for a universalidade da consciência.

Esse andar da dialética é alimentado pela negação. Para Hegel isto é essencial. Essa negação é a força de toda a atividade. Toda, quer seja um movimento espontâneo, quer seja um movimento vivo ou espiritual. Se se trata do finito que qualifica um objeto, a pedra, a planta, ou o pensar, essa negação é a força da dialética não como algo exterior que transforme o finito em infinito. Não é uma máquina. A negação é a própria natureza do finito, pela qual ele se ultrapassa, e, pela negação da negação gera o seu devir como infinito.

A proposição de Hegel da totalidade orgânica assim como a do infinito, são decisivas: a existência de qualquer coisa, planta, pedra ou pensamento, só tem sentido com relação ao todo. As coisas finitas vão se decompondo, mas o infinito que lhes dá sentido, é a vida que se mostra para além do efêmero. A negação é que dá vida à coisa. Na Lógica está dito que a negação é o pulsar imanente do movimento autônomo, espontâneo e vivo. A mudança de tudo, pelas vias da negação, faz emergir a vida como essencialmente infinita. A coisa é em si mesma finita e é também sua negação. O que dá vida, é a conquista, pela consciência, da unidade da coisa em si com sua negação. A vida é a vida da totalidade.

De modo geral o procedimento dialético, traz um esquema, um movimento de pensar, que está vinculado ao conceito de totalidade imanente. Vejamos como é isso, de modo geral.

Será preciso ver as coisas como coisas que portam um movimento nelas mesmas. O movimento nasce da contradição da natureza finita das coisas. E é esta contradição que impele para além delas mesmas, em direção ao infinito. Infinito não como um local nirvanesco, mas como uma astúcia da consciência.

É isso. Há uma construção racional que anda da negação para a negação da negação. E nisto supera a contradição. Esse processo eleva a consciência do abstrato ao concreto, do contingente ao necessário, do finito ao infinito. Este movimento, no curso da negação, contém todos os momentos anteriores até que atinja um sistema de conceitos que se identificam com o real em sua totalidade.

Por aí vocês vêm que este movimento é levado por uma finalidade. O sistema desta lógica, a dialética, está impregnado de uma finalidade interna às coisas, e esta finalidade anima o movimento e se revela como a substância-sujeito, que é simultaneamente conhecimento e querer. Um querer alheio que impregna todo movimento e o conduz.

Vejam bem. O espírito produz suas determinações (aspectos de sua estrutura lógica), as põe, suplanta sua finitude, e ao mesmo tempo retorna a si mesmo. Então o espírito realiza com isto uma criação, a criação do conhecimento e seu objeto, não como exterioridade a si, nem como reconhecimento aí de uma cisão, mas como algo que o constitui, e que o constitui como a realidade. O real é a totalidade. Totalidade do

Espírito Absoluto. A **Fenomenologia o Espírito** diz a coisa sou eu. E a coisa é o mundo em sua totalidade, natureza e história. A consciência, o espírito, descobre o mundo - natureza e história - como sua propriedade.

Voltamos ao que dissemos no início. O real como totalidade é o conceito, criação da consciência. Trata-se da totalidade do conteúdo se auto diferenciando e se auto determinando pelo movimento da negação. O movimento de negação une aquilo que pareceria uma cisão entre sujeito e objeto, interior e exterior, contingente e necessário, individual e universal.

Então o conceito do real, como totalidade, vai mostrando que algo maior comanda a consciência para que ela saia do imediato, negue essa situação, e abrace sua dimensão exterior a essa interioridade imediata. Aí a consciência se descobre no âmago do real como totalidade.

O algo maior que comanda, foi dito acima, é a finalidade do movimento da coisa, do mundo. A razão individual tem que descobrir-se como razão universal. Se trata de uma razão imanente que vigora no interior do movimento do mundo em seus termos dialéticos. Ela se mostra, finalmente, como o Espírito Absoluto.

O mundo é a imediatidade do que já está aí. E o real, como totalidade, se *ex-põe, se ex-plicita,* como sendo essa imediatidade aí. O movimento de negação considera a totalidade do real e essa ex-posição, no interior de si mesmo, se faz mediação do retorno do real a si mesmo. O interior e o exterior são uma unidade, e a unidade é o real. Essa unidade, a totalidade, clama por seu reconhecimento (dialético), na imanência do mundo, a natureza e a história. A totalidade é já, previamente, imanente.

Uma razão imanente comanda todo esse movimento. Mas não é a consciência humana. A consciência humana é uma singularidade, e seu trabalho é *des-plicar* a coisa, o mundo. Seu objeto interno é o pensamento. Daí que o interior das coisas é o conceito. Não como definição de uma coisa. É o que se des-plica, desdobra, do que se mostra como objeto sensível, mas que é na verdade a própria totalidade aí como vida, como movimento. O conceito é o interior das coisas. Portanto, o finito se ultrapassa no infinito. O infinito é o que é imanente às coisas. O infinito não existe senão no finito.

Daí, o real como totalidade é o conceito. O real como totalidade é o absoluto como conceito. O conceito é a elaboração dialética do desdobrar-se das coisas, a autoconsciência do Espírito Absoluto. Por isso se pode dizer que tudo que é real é racional. Racional para uma razão universal. O real é a totalidade única.

A TOTALIDADE IMANENTE, OU O TOTALITARISMO LÓGICO

Chamo a atenção de vocês. O real, para Hegel, só pode ser explicado (desdobrado em sua essencialidade lógica) se a consciência atingir a presença dessa razão universal do espírito, em cada coisa e em todas as coisas. A razão humana tem que pensar o pensar da razão universal. Só assim atingirá o conhecimento do que realmente dá ao mundo sua realidade e sua totalidade essencial. Essa razão universal, esse espírito, é a totalidade pensante. É ela, com o espírito, que confere ao mundo sua ontologia, como o real. A consciência humana tem que se reconhecer, pelo movimento dialético, como o Espírito Absoluto. E o Espírito Absoluto desde sempre está nas coisas, no mundo, como sua "alma" imanente. O ser em sua totalidade é uma ação que se auto revela, enquanto se opõe à natureza e à história. Não lhes parece que esse espírito, esse conceito, seja uma mente, ou uma idéia, que captura, pela dialética, a consciência humana?

Vejam o conceito de liberdade. Este conceito ilustra o modo de como a totalidade hegeliana jaz numa névoa de totalitarismo lógico. E daí decorrem outros totalitarismos como explicitação de faces do mesmo totalitarismo originário.

A liberdade na sua acepção essencial já está inscrita no âmbito do Espírito Absoluto e do Espírito Subjetivo. O Espírito Absoluto é o término do processo para a vontade livre. É aí que o conteúdo da liberdade se mostra em termos da unidade de forma e conteúdo, de subjetivo e objetivo, de interior e exterior, de universal e singular. A consideração do Espírito Absoluto como o término do processo que mostrará todo o conteúdo da liberdade (tal como Hegel a entende), passa pelos momentos de escolhas, como a Arte, a Religião e Filosofia. O Espírito Absoluto permitirá retornar ao Espírito Subjetivo, e ao Espírito Objetivo.

Isto vai mostrar a instantaneidade do movimento dialético. Tal instantaneidade, sem negar os passos que levaram até ele, já está inscrito desde a origem do movimento. Por isto, é o Espírito Absoluto que oferece a chave de leitura para os dois momentos precedentes, o Espírito Subjetivo e o Espírito Objetivo.

É o momento de fazer uma observação: esta instantaneidade da dialética é mais uma corroboração de que esta totalidade, em que o Espírito Absoluto está "monitorando" e preservando o sucesso do processo, é também uma forma de totalitarismo mental. Aí o Espírito Absoluto se apresenta como a chave obrigatória de leitura conceptual dos momentos dialéticos anteriores. O Espírito Absoluto é o todo na organicidade e na coerência de tudo que se revele nos outros dois momentos (Subjetivo e Objetivo).

Para Hegel, o indivíduo é o sujeito da liberdade. Não se pense em uma liberdade como monádica autonomia, ou como adesão a um movimento coletivo de força. Esses conceitos apontam para uma exterioridade radical.

A verdade da liberdade se prende na infinitude de um movimento que caminha para a identificação plena do interior com o exterior, da universalidade com a singularidade. E o que só pode acontecer pela existência em unidade do indivíduo e do Estado. Embora a liberdade seja algo nunca suficientemente conquistado, mas sempre inacabado, ela é a busca sempre reiterada dessa unidade. E a busca é uma discussão. É um debate e um combate. E as limitações são a negação. O método da negação dialética aplicado irá afirmar o fundamento progressivo de um mundo da razão.

E a razão, em última análise, é o Espírito Absoluto. Ele preside a todo movimento em que a negação se faz ação. Ele é a razão universal, a ser conquistada pela consciência. Mas como sabe a consciência que seu sucesso é atingir essa meta? O Espírito Absoluto é a vigilância imanente, uma presença invisível, ou a totalidade imanente, que monitora os procedimentos da consciência. A razão universal está sempre presente. O conceito, como ponto de verdade, é o Espírito Absoluto, ponto de chegada do que já estava sempre no início.

A liberdade é co-extensiva ao conceito total. Ela reúne as determinações em oposição. Só há liberdade se estiver nos braços (digamos) do Espírito Absoluto.

Liberdade nunca definitivamente conquistada, exigindo o debate, a luta e o embate. Lutas e embates sempre à mercês das exigências da razão. O movimento dialético, nos termos hegelianos.

E a razão se mostra, cada vez mais, o monitor que não se pode recusar. A razão se impõe como critério e essencialidade absolutos. O indivíduo e a sociedade humana estarão sempre vinculados, metafisicamente, ao processo dialético. A relação do indivíduo com sua sociedade será o caminho de sua universalidade.

A liberdade do indivíduo reverbera a universalidade a que pertence, segundo Hegel. Ele é livre individualmente, contato que o seja na universalidade dos termos sociais. Entenda-se uma sociedade articulada segundo os princípios da razão. Neste caso, a inteligibilidade lógica do todo se apresenta nos movimentos lógicos do Ser à Essência, da Essência à Substância. A substância, como, finalmente, o conceito, o Espírito Absoluto, ou a Idéia Absoluta. A liberdade absoluta do espírito, como conceito. A unidade conquistada leva consigo as diferenças. E as diferenças são as determinações (as qualificações lógicas estruturais) do Espírito.

Mas a liberdade do sujeito individual está aí articulada à necessidade do movimento lógico, do sistema, conforme Hegel. Liberdade no âmago da necessidade do sistema. O sistema é a sequência dos passos dialéticos, no ritmo desta lógica construída por Hegel. A liberdade tem como verdade, de fato, seu movimento no desdobramento do Espírito.

Esta marcha dialética, tal como desenvolvida por Hegel, esta démarche do Espírito, esta imanência presente em o todo o sistema e conduzindo-o, esta necessidade do sistema como um todo, mostram fartamente a matriz de um totalitarismo abrangente, de muitas decorrentes manifestações.

A razão humana é imantada para sua alocação no íntimo da lógica do Espírito, a razão primordial. O critério último da caminhada histórica dos humanos. A razão humana entende que tem que se negar como individualidade para se fazer uma unidade com o imanente interno a tudo.

A razão humana será a consciência humana se, e somente se, se amoldar, se liquefazer e consubstanciar-se no oceano lógico do Espírito. Trata-se da unidade do finito e do infinito.

O Espírito é a totalidade, é o real a ser conquistado como a configuração do indivíduo e de sua sociedade, do seu debater-se pessoal e da sua história como História do Espírito Absoluto.

O Espírito criou este casulo de moldes lógicos, criou um monitoramento pelos princípios e regras da lógica. O Espírito vive na consciência dos humanos. O Espírito absorveu em si, por sua essencialidade lógica, a mente dos homens. O Espírito se faz história e faz a história caminhar segundo seus passos e seu ritmo. O Espírito disponibilizou a lógica, a Ciência da Lógica, como caminho único a seu acesso e a seu contato.

A lógica, como instrumento de busca e de acerto nos achados através dela, fecha as portas para outros procedimentos fora dessa lógica.

O Espírito se escondeu nos termos utilizados por Hegel, isto é, no conceito. Hegel é seu arauto.

Em suma: dá-se, neste caminho da Lógica, o Espírito Absoluto. A consciência humana deverá percorrer um caminho, dito dialético, para se fazer uma síntese, uma unidade de consciência com o Espírito Absoluto.

Desde o início o Espírito monitora o caminhar da consciência, e só há um caminho. Tudo o mais será desvio, confusão.

A consciência humana se faz um com a auto-consciência do Espírito. O Espírito mora na consciência humana. O Espírito lhe dita as regras. O caminho e a argúcia da consciência humana, em acertar o passo com o Espírito, é como a incrível atividade dos Piratas do Caribe em busca do tesouro. O Espírito quer a posse do coração (de dada ser humano) ainda pulsando dentro daquele cofre.

Manipulação total, controle total, entrega total de si ao Espírito. Tais são as linhas deste totalitarismo lógico.

— Professor, e Hegel pensava que isso era assim como estamos ouvindo agora? - Gulag estranhou tudo.

— Claro que Hegel via as coisas de outro jeito. Ele se pôs a escrever levado pela crítica ao que considerou uma falha ou uma concepção equivocada da filosofia. Criticou pensadores importantes, como Kant, Schelling, Newton, Descartes. Reformou outros e acariciou alguns distantes da filosofia grega.

Mas Hegel não se apercebeu que estava sendo cooptado para seguir o mestre, o Espírito Absoluto, passo a passo. E como o fez? Hegel achou que devia refundar a filosofia, o idealismo alemão, e tudo o mais que disso se avizinhasse. Mas não percebeu que foi o "escolhido", o "ungido", para estabelecer os alicerces de uma nova cultura do pensar. E o pensar era aquele modelo que se deveria adotar para pensar conforme os ditames do Espírito Absoluto.

No fundo, estamos vendo, que se tratava de um novo quadro de linhas totalitárias, um sistema fechado rígido. Abrangente, eliminador de todas as outras linhas do pensar. Este era o pensar de supremacia sobre os demais. Um pensar cheio de poder. Por isto atraiu as vistas de monstros como K. Marx, Lenin, Mao, seus satélites, e Hitler. E ainda Castro, e todos que ambicionam a ditadura e pilantragem de viver com uma multidão de escravos mentais alistados como combativos seguidores. O pensamento totalitário sempre produz indivíduos possessos pela ideologia dispostos a ferir, matar, e entregar a própria vida pelo ideal totalitarista. E nisso entram os seguidores do cristianismo, outra ideologia totalitária.

O ideal totalitário sempre produz indivíduos sem visão, trancados na camisa de força de um conjunto de formulações verbais que funcionam como comandos armazenados em *pendrives* mentais e que acionam comportamentos imprevisíveis e destrutivos. Todo pensamento totalitário vive de sugar o trabalho da multidão doutrinada e manipulada. Os líderes do cristianismo do comunismo e dos socialismos são exemplo claro disso tudo. Nada produzem, querem o dinheiro produzido por outros, constroem grandes palácios e edifícios suntuosos para demonstrarem poder e insinuarem uma delegação dos céus ou do destino imaginário. A bibliografia de Marx, por exemplo, repete o esquema.

Vejamos isto de outra forma. Hegel vai dizer que a Lógica é a ciência da Idéia pura. Levando-se em conta, o todo do sistema da lógica, a Idéia é apresentada como o instante originário do sistema: indica o todo em sua inarredável, e monitorada inteligibilidade. A idéia é, então, o todo. Daí, há que se dizer que a Idéia é a inteligibilidade de todas as coisas. Tudo e cada coisa, conduz, essa inteligibilidade, por dentro, conduz uma transparência de si que remete à Idéia absoluta. A inteligibilidade conduz à autoconsciência do Espírito Absoluto. E toda consciência participa dessa autoconsciência. Essa transparência, essa inteligibilidade, é o fator imanente que acompanha o caminho do pensar, que mora em cada coisa desde sempre. Tudo está suspenso nesse pensar que apreende a Idéia e que constitui o fundamento de todas as coisas. Tudo, e todas as coisa, são pensáveis. Pensar é entrar na transparência de cada coisa e do todo, e lá encontrar a Idéia absoluta, o Espírito Absoluto.

O todo desse pensar é o Espírito Absoluto. Pensar é executar a tarefa de entrar na transparência de cada coisa como um entrar no portal que dá acesso ao Espírito. A inteligibilidade é comunhão com o Espírito. É, finalmente, ser um com ele.

Daí, o todo está impregnado, e constituído do Absoluto. Ele rege e controla o pensar, para que seja, para ele, a verdade a ser palmilhada e descoberta. E essa descoberta é a sujeição ao Espírito Absoluto. O todo tem um comando e resta à consciência humana pensante alcançar a liberdade hegeliana de descobrir e anunciar a regência do Espírito sobre todas as coisas, sobre a história humana.

O Espírito é o todo, o sistema da lógica é a ideologia totalitária. A Idéia, como essa totalidade da consciência, é um universo de dentro do qual não se sai jamais. Por isso se pode dizer que a Idéia é idêntica a si mesma, porque, se ela difere de si, ela nega essa diferença. É o movimento da dialética. E negar a diferença não é descartá-la como lixo da lógica, mas subsumi-la como consubstancial à Idéia. A diferença é a reflexão em si da Idéia.

A Idéia como seu ser-outro é a distância a si a si mesma, e então, é a Natureza, como alteridade da Idéia, a diferença consigo mesma. Dizer que a Idéia é idêntica a si, pelo pensar, é, novamente, o retorno a si da Idéia. Trata-se da Idéia como Espírito. A identidade da identidade e da diferença.

Aí se apresenta a circularidade do sistema da lógica, a Lógica hegeliana. Aí a inteligibilidade do todo, o Espírito que preside a tudo desde o início do processo. A insistência que se observa aí, é que a consciência humana não é uma consciência autônoma, mas algo que se funde na consciência do Espírito. Algo tem aí o comando. Algo se esquiva e só se deixa apreender pela razão a partir de conceitos. E se impõe como o Conceito, a razão como Espírito Absoluto. Esse Espírito quer ser visto como a anima das coisas. Como o que é a própria vida das coisas e o que contém, na imanência de tudo, o destino de tudo. A transparência assim como a inteligibilidade das coisas, a imanência como o conceito que acompanha tudo e todos, a organicidade do sistema, apontam para o Espírito que dissolve a autonomia da consciência na lógica do seu (do Espírito) pensar. O caminho da razão, a ocupação racional com a Idéia, trancam os caminhos para uma percepção que leve para fora da circularidade e para longe da imanência que vampiriza a consciência humana por dentro. O Espírito é o Outro, de Hegel. Aquele que, na imanência, ditou suas regras, que pôs Hegel a trabalhar e ser o anunciador da nova ordem do pensar. Assim como fez aquilo (ou aquele) que falou dentro do Escriba criador do conto de Moisés. O conto que era um totalitarismo para conquistar a supremacia sobre os outros povos (Cf. Salmo 89, 19-29). No caso de Hegel, sua ideologia do pensar escoou para dentro de um indivíduo truculento e ganancioso, criou vida, e gerou a figura mórbida de Marx. E, quer seja Yahweh, ou o Espírito (de Hegel), todo aquele que fala para indivíduos que enunciam sua fala, promete gloriosos acontecimentos e reconhecimentos. A troca é que se façam guerras cheias de sangue. As guerras aprimoram a submissão dos devotos seguidores.

3   TOTALITARISMO É DEUS

Ficar sentado nas escadas para ouvir sobre Física Quântica, ou a dialética hegeliana, é tipo de heroísmo que não passa despercebido. Não é mesmo, Gulag?

Do que falamos até agora, se pode dizer que a abordagem de diversos autores e pesquisadores, quando querem uma visão abrangente da realidade, chega ao ponto em que eles estão às voltas com o conceito de "deus" das tradições mitológicas, filosóficas ou teológicas. E essas tradições estão no oriente e no ocidente. Esse "deus" é como a turbidez da água num jarro de vidro. Ou se trata aí de vitaminas adicionadas à água como um plus atraente, ou se trata de fungos e algas que aí se desenvolveram tornando a água "suja" nada indicada para ser bebida.

Os textos que trouxemos para nossa conversa nas escadarias, todos eles querem dar a esse "deus" um lugar de destaque, mesmo quando dizem que é água suja.

Parvólio aproveita, neste instante, para salvar seu deus:

--- O ser humano é muito desencaminhado.

Já Gulag estiliza seu deus como algo superior aos títulos que recebe.

--- Todas as civilizações cresceram graças ao poder soberano desse absoluto.

O Pesquisador percebe que esse deus está mais enraizado nesses estudantes do que seus próprios cabelos.

Vamos continuar, então, reconhecendo a presença desse deus quando se fala em Universo. Universo é nosso tema desde o início. Certo? Quer nos reportemos ao Escriba de Moisés, quer nos reportemos a Hegel ou Marx, ou ainda A. Young, temos um itinerário subjacente, e mesmo explícito, que é muito semelhante, de um com relação aos outros.

HEISENBERG E A FALA DAS ONDAS

Heisenberg consolidou uma Física com o seu Princípio de Incerteza: o fóton é onda e partícula. As demais partículas vão se mostrar com a característica onda e partícula. Pode-se, então, dizer que a matéria é partícula que balança nas frequências de onda. Sim, é um pouco inusitado fazer esta generalização. Mas os fótons, por exemplo, que constituem as partículas da matéria continuam sendo a incerteza de sua característica como ondas e partículas. E os fótons, e as partículas que o antecedem como meros códigos, tipo "cordas códigos", os quarks precursores dos prótons e nêutrons? Que dizer de tudo isso, senão que nos remetem cada vez mais para uma não-visão-sensorial dos constituintes da matéria? Deixemos isto como um bilhete afixado no cantinho do quadro de escrever na sala de aula.

Precisamos ainda tecer um quadro das ondas do universo e sua versão como partículas. Faremos isto mais adiante. As partículas se mostram como o cenário de coisas que enchem a paisagem diante de nossos olhos. Elas se mostram. E onde ficam as ondas? Elas são invisíveis aos olhos. Diretamente ninguém vê ondas de matéria. Falamos aqui de ondas para além do espectro eletromagnético da luz. Ainda aqui, as ondas ditas micro-ondas não são visíveis. Nem o Raio-X, outro tipo de onda. Vocês não vêem as ondas ultra-violetas. Isto para falar de coisas de nosso mundinho. E se falarmos nas ondas em termos de ondas do universo desde os primórdios? Anteriores às ondas eletromagnéticas.

É neste contexto que vamos abordar os autores que colocamos na arena de nossas preleções até agora.

Comecemos com o Escriba que criou a figura de Moisés.

Esse Escriba apresenta o senhor, o tetragrama YHWH, conhecido como o Javé bíblico. Esse Javé, conforme o Escriba, falou para Moisés. Trouxe uma missão. Essa missão, para ser realizada, exigia que a escolha deste povo tivesse como troca a consagração do povo ao Javé da fala. Um pacto entre as partes. A missão se mostrou muito conflitiva. Ao final recebeu, conforme o Escriba, o prêmio de tomar a Terra Prometida, sonho dourado.

Aí temos os termos "FALA", "MISSÃO", "PACTO", "CONFLITO", "PRÊMIO". São termos que revelam um esquema fechado.

Estes termos irão se repetir com relação aos outros autores de nossas conversas. Vejamos.

Arthur Young apresenta a luz. A luz como algo que tem uma vontade, um propósito e, feita de fótons, é uma ação rumo à meta de seu propósito. A FALA na pesquisa de Young se mostra como uma eloquência "audível" nas fases da evolução em 7 estágios apresentada por ele. A luz leva adiante seu propósito, porque é uma ação inteligente e sabe onde quer chegar (conforme a hipótese do autor). O fóton é o pulsar do espírito na matéria, diz ele. E o autor segue esta fala para entender a MISSÃO que ele vê no itinerário da evolução. Young entende que esta missão está imanente aos eventos da natureza em evolução e aponta para a missão do homem como o que vai exercer o domínio da luz sobre a natureza, o universo. A missão é a missão do homem, como tal, o que chegou, pela ação da luz (o fóton é Quantum de ação), a ação que é um propósito em andamento, ao ponto máximo de auto-consciência da luz e sua plena liberdade. Young, como o homem dessa evolução, abraça esta missão e a leva como tarefa pessoal, em termos de ouvir a FALA da luz e a revelar aos humanos do planeta. Um PACTO de fidelidade ao propósito da luz que vigora no interior da natureza, e, portanto, no ser do homem como tal.

Assim como, no caso da fala a Moisés, que o leva aos combates de erradicar os pactos com deuses diferentes, assim aqui, Young vai encontrar CONFLITOS sérios para apresentar esta fala, esta proposta aos homens da modernidade cultural. O combate que ele empreendeu foi de revisar a teoria da evolução, foi de retomar a Teoria da Relatividade e fazer umas correções, foi o combate contra a cegueira dos cientistas que não quiseram ver a teleologia dos desdobramentos da luz na evolução. Este combate arregimentou Leibniz, Heisenberg, Eddington e até o bispo Basílio do século IV DC, e ainda Mahatma, e outros de visão semelhante. Afinal, para Young, o seu propósito era mostrar que a ciência confirma a verdade dos mais antigos mitos.

O PRÊMIO chegou com a demonstração de que a luz conquistou sua inefável, indizível, característica como algo supremo, graças a seu itinerário por dentro da natureza, realizando-se como evolução e chegando à sua suprema consciência, subjacente desde o início como fóton, o que deu a partida na formação da matéria. O prêmio mostra agora a luz como a luz no universo, a matriz geradora de tudo. E cada ser participa desta conquista. A hipótese do autor se confirma como o prêmio de se mostrar como a verdade de uma tese.

Notem vocês que o panfleto do Escriba de Moisés era para mobilizar as multidões, a partir de um pacto inicial para levar a termo uma missão. O mesmo se dá aqui com Young. Ele escreve um livro, no dizer dele, para que se perceba o itinerário da luz (um tipo de divindade imanente) nas etapas da evolução, sendo que esta presença da luz como propósito evolutivo, está presente nas carnes e mentes de cada ser humano ou não. O escrito de Young é também para mobilizar as multidões a fim de abraçarem esta missão e este pacto.

De seu lado, G. W. F. Hegel, com sua lógica dialética, coloca uma visão extremamente elaborada. No princípio de seu processo dialético está, subjacente, o conceito, o Espírito Absoluto, a consciência *em-si* dando seus primeiros passos de uma caminhada que irá culminar com a autoconsciência, a Razão na plena formulação do conceito, dando conta da realidade como totalidade.

Fala-se de uma circularidade do movimento dessa dialética, uma circularidade em espiral. Quando se chega a uma superação de opostos, temos uma unidade e esta unidade começa o ciclo dialético novamente, em novo nível, identificando sua diferença, e procedendo a uma nova unidade, como sendo a identidade da identidade e da diferença.

Aí vai se tecendo a consciência, a realidade como totalidade. O Espírito Absoluto vai se mostrando a cada passo. O Espírito Absoluto, então, percorre este caminho como a razão subjacente a todo o processo. O Espírito Absoluto é a FALA que dá legitimidade e garante a verdade do processo dialético de Hegel. O pesquisador ouve esta fala e segue suas instruções. A fala o conduz à apreensão da realidade do Espírito Absoluto, como o conceito. O conceito se põe como o dogma irrecusável.

A elaboração deste itinerário, no sopro do Espírito Absoluto, é a grande MISSÃO. O processo dialético como a verdade do pensar, como o movimento da razão na sua forma legítima. Todo desvio redunda em erros e confusão, perda do sucesso.

Em numerosas passagens, Hegel irá afirmar que é preciso ater-se a este método de busca para consolidar a verdadeira filosofia, resgatar e formular os conceitos na harmonia de sua forma e conteúdo. A dedicação de uma vida a essa missão, a obediência aos princípios que regem o caminhar dialético, é o acontecimento do PACTO, fidelidade aos sopros do espírito, à imanência da realidade que vai se edificando no conceito.

O PRÊMIO é conquistado no desvendamento da realidade como totalidade, na autoconsciência do Espírito. Mas o Espírito não é um lá. Tudo e todos são a totalidade. O Espírito Absoluto é a vitória da unidade de todos os antagonismos, representa a conquista de um olhar para muito além dos equívocos. A filosofia retoma sua marcha e sua força. A realidade se faz transparente à luz da Razão, graças ao processo desta dialética. Um processo sempre em atividade. O homem como história é a história do Espírito Absoluto. A autoconsciência do Espírito Absoluto é a consciência do homem para além de sua singularidade.

Citamos lá atrás, K. Marx como a malfadada explosão da proposta dialética construída por G. W. F. Hegel. Marx era discípulo espiritual de Moses Hess. Assim como Engels. Marx era cristão devoto e dedicado. Escreveu livros sobre seu cristianismo e seu Jesus amado. Mas Hess, que já tinha atraído F. Engels para seu projeto, convenceu Marx, e Marx beberrão, orgiástico, e boa vida, descobre a sua verdade no comunismo de Hess. Na verdade, Hess era um satanista, cultuava o demônio e o lado trevoso do mundo. Hess e Marx resolveram intitular "comunismo" o esquema de cultos satânicos. Assim facilitava sua divulgação para a massa social. Faziam rituais na noite com velas e cruzes. Tinham uma estrela vermelha de cinco pontas (pentagrama), usavam cores vermelhas no altar para indicarem o sangue das vítimas. Tal como faz a China na sua bandeira e os Petralhas (a cleptocracia), no Brasil. A estrela vermelha de cinco pontas representava o próprio Satanás, a quem invocavam nos rituais macabros. Friedrich Engels escreve um rascunho e oferece a Marx que o publica como o Manifesto Comunista. Este Manifesto se tornou uma fábrica de cadáveres e destruição das economias dos países que o adotaram. Esse Manifesto Comunista era a espada que Marx disse que o demônio lhe vendeu. Foi o pacto: dá cá, toma lá. Te dou a espada do poder e você me dá os mortos.

Através de Hess e dos rituais satânicos de que participavam, Marx ouvia a FALA do seu diabo.

O diabo, seu Oulanem, anagrama para Emanuel (Deus conosco, da bíblia). Oulanem é o diabo conosco de Marx. Marx designou assim o seu diabo. Esse conceito, implica que o grande ritual satânico será instaurar o reino do ódio, das ambições desmedidas, da violência, das matanças, do controle da opinião, da perda das liberdades, da instauração de um regime ditatorial turvo como um fascismo extremo, será o reino da pilhagem e das mentiras, no meio social. É só ver como aconteceu em diversos países a entrada da proposta de Marx. Nas Américas essa monstruosidade se mostrou na forma da violência, da mentira, da corrupção em todas as esferas dos três poderes, na formação de milícias, nas mortes secretas, na formação do clepto-socialismo. Os três poderes, os partidos, se organizaram como células do crime organizado.

Esse diabo inspirou criar a oposição entre uma burguesia européia e uma multidão de trabalhadores que Marx chamou de proletariado. A oposição burguesia-proletariado, fertilizada pelo demônio, incendiou diversos países da Europa. A fala de Marx trazia o fogo, a morte, o ódio, a destruição. Essa linguagem de uma sociologia anacrônica, de duzentos anos atrás, ainda é usada por mentes captas, capturadas pelo fogo dos escritos marxistas. Essas mentes captas ficam alucinadas com o que lêem, ficam como zumbis que marcham com a programação de robôs, para uma missão cujo resultado são cinza e sangue. Compensam as missas negras, os rituais satânicos de Marx, Engels e Hess, em forma de agitação das massas, inquietude e promessas confeitadas de sociedades paradisíacas.

Esse ódio, a agitação das multidões, é a mesma agitação de Marx ao assumir a MISSÃO que o diabo lhe deu, no rastro da missão dialética hegeliana, soprada pelo Espírito Absoluto. A dialética engole tudo e tritura numa unidade que se tornará a ditadura fascista sufocante típica. A missão era falada com termos doces e fascinantes, como a maçã suculenta da bruxa para a Branca de Neve. Palavras doces portadoras de um veneno que transfigura a pessoa no diabo que vive dentro dela em forma de ódio e ambição. A missão era instaurar uma sociedade sem classes, cheia de ternuras, uma utopia para além de Tomás Morus. Uma Terra Prometida ali ao alcance dos olhos. Os proletários foram adornados com a ilusão de que são a bondade ainda não vista escondida pela opressão. E tudo isto despertou o ódio latente das multidões.

O PACTO foi feito com sangue e trocas: a espada geradora da morte vendida a Marx pelo diabo em troca de trazer os cadáveres. Todo ativista, manipulado pelos ideais marxistas, tem vontade de sangue, tem a ganância de ferir e matar. O diabo de Marx assim como os ideais de Marx, moram em cada ativista, e os governam.

O programa para se chegar a essa nova sociedade era cheio de CONFLITOS. O programa era a própria criação de conflitos. Conflitos jamais sanados. Conflitos de classes, conflitos raciais, conflitos de gêneros, conflitos linguísticos, conflitos de ordem política, cultural, educacional. A dialética fazia emergir conflitos cuja única solução se tornou o extermínio dos que se opunham ao programa marxista. Mais de quatrocentos milhões de mortos pelo poder desta dialética do materialismo histórico. O conflito trazia o opressor para dentro dos que aceitavam acionar o ódio dentro de si.

O PRÊMIO era que o programa seria uma sociedade sem classes, sem conflitos, uma homogeneização da tipologia do cidadão. Chegariam ao paraíso de uma sociedade sem Estado, uma partilha fraterna da riqueza capturada. Mas esta Terra Prometida, essa ilusão, trouxe a quebra total da economia da União Soviética, a morte de cerca de setenta milhões dos chineses de Mao Tse Tung, que partilhavam a fome e a miséria do túnel escuro do maoísmo. O programa marxista, inspirou o socialismo alemão, Nacional Socialismo, gerou um poder incontível, e que devorou a si próprio. O planeta inteiro sabe do fracasso ruidoso e ruinoso que é a presença de ideais marxistas socialistas.

O TOTALITARISMO IDEOLÓGICO, OU A FORMA DE UM DEUS

O esquema que se serve dos termos:

A FALA, A MISSÃO, O PACTO, O CONFLITO, O PRÊMIO, tem sempre a característica de conduzir explicitamente, ou ao menos tacitamente, a figura de um deus como legitimação da proposta e, junto, a atribuição de uma verdade absoluta irremovível e incontestável.

O Escriba criador da figura de Moisés, apresenta seu deus Jahweh (Javé) que lhe promete reordenar o mundo, a partir do pacto feito com o povo que escolheu para esta tarefa. A Terra Prometida será a coroação da empreitada, e estabelece um reino que será também o critério de julgamento dos povos. O pacto deus-povo prende todos a uma fidelidade radical, e tudo que se lhe opõe deve ser destruído.

A destruição foi o toque inaugural desse deus, ao matar os filhos primogênitos dos egípcios (quantas centenas de milhares de famílias foram atingidas?). Sem falar na matança dos animais. Sacrifício de crianças e animais era a praxe de devoção dos seguidores dos deuses no antigo Oriente Médio. A morte dos primogênitos egípcios mostrou o repúdio do deus de Moisés à raça egípcia, em favor da raça de um povo hebreu. Pelo caminho, outros povos foram destruídos por serem de outra configuração cultural (tinham outros deuses).

O pacote cultural racial e de poder: define o quadro ideológico totalitário. Acontece que o conceito "deus" é extremamente intimidante para povos tipo os saídos recentemente do neolítico, como os hebreus. O conceito "deus" funciona como um cala-boca definitivo. Até hoje isto é assim para os povos ocidentais, pelo menos. Nem se fale da palavra "Jesus" ou o "Cristo". São sufocantes.

O Escriba de Moisés já saiu citando um deus para começar seu escrito do Êxodo. E o pacote veio por inteiro: uma missão dada, um pacto, lutas e o prêmio. Um dá cá, toma lá. Quem não entrar na missão, quem não entrar no pacto, vai ser destruído. Foi o que aconteceu com os povos (heteus, gebuseus, amorreus, ferezeus e outros) que Moisés e Josué encontraram pelo caminho. Todos sucumbiram a fio de espada. Diz o texto.

O pacto com o deus é como um ovo. Os que estão fora são como predadores e devem ser eliminados. O ovo é uma mônada, uma totalidade, uma identidade única e não admite os diferentes de si. Claro, ovo é prisão.

Se olharmos bem, esta teologia se funda numa lógica básica e rasteira. O princípio de Identidade e o princípio do Terço Excluso decidem sobre o que é ou o que não é a verdade. Tomás de Aquino fez toda a teologia passar pelo filtro da Lógica Clássica, onde estes princípios são a regra de ouro. Uma teologia que alicerçava a monarquia papal (poder único e total), a única verdade dos textos bíblicos, e tudo fundado na razão aristotélica.

O princípio de Identidade diz que $I * I = I^2 = I$ Tudo que é, é idêntico a si mesmo.

E o princípio do Terço Excluso vem dizer que não é possível que se dê ao mesmo tempo a proposição afirmativa ($I = I$), e a negação da proposição (p ^ np, os diferentes com relação à identidade). O que é diferente é ameaça à integridade da afirmação originária.

O princípio de identidade sela a totalidade da afirmação como única e exclusiva.

É assim que a totalidade exclusiva em sua verdade se põe como totalitarismo. Sua verdade será uma ideologia totalitária que tranca a todos dentro de um ovo, como prisão conceptual.

A proposta do Escriba de Moisés é um ovo conceptual como prisão mental e serviço exclusivo à missão de consolidar o poder do deus como deus universal. Trata-se de jogar a existência total de cada um, à preservação da idéia, e com isto, garantir o poder da idéia como o poder divino se assenhoreando de tudo e de todos.

É daí que nascem os dogmas do cristianismo. Um absolutismo ideológico como poder sobre todos. A eclesiologia do cristianismo vai definir seu papel como "mãe e mestra da humanidade". O totalitarismo ideológico, de que falamos, ressoa forte nessa auto-definição. Só há um mestre, só há um pastor, só há um reino, ideário formulado nos evangelhos.

Estas são outras formulações cultivadas pela ideologia totalitária eclesial cristã de qualquer denominação. Disso nasceram inúmeras guerras, genocídios, cruzadas, pilhagens, dominação de outros povos, imposição do cristianismo como religião única, controle das idéias, queima de livros, proibição de escritos, inquisições com queima de pessoas vivas nas praças, etc. Expressões do totalitarismo ideológico, aromatizado com a expressão "fé", ou "fé cristã".

É daí também que nascem os espíritos missionários para levar a todos os povos a palavra salvadora, com destruição das culturas locais, das tradições locais, gerando grande perplexidade e dor por parte desses outros povos. O espírito missionário é um tipo de política externa do poder monolítico do monarca papal fundado numa ideologia gerada pelo princípio de Identidade. Este princípio é o Espírito Santo em carne e osso soprando as cláusulas do seu reino plenipotenciário a se tornarem a programação mental de cada um.

Este esquema se repete, *mutatis mutandis*, na apresentação do universo reflexivo de A. Young (veja-se seu trabalho **The Reflexive Universe**).

Young se faz o Escriba que põe de início a luz, como o início de tudo, de toda a matéria, de toda a matéria do universo. Mas a luz fotônica, tal como ele a caracteriza, é também uma vontade (*the will, the light is purposive*), um querer que tem um propósito.

Esse propósito, de acordo com o autor, se revela nas descobertas das leis da Física. Fazendo-se uma engenharia reversa sobre os eventos da natureza, sobre a matéria em forma de mineral (fótons, partículas nucleares, átomos), plantas, ou animais (inclusive o homem), descobre-se o itinerário desse propósito e suas realizações em busca de uma crescente e cada vez mais explícita liberdade.

Assim, a luz é uma vontade em busca de uma liberdade cada vez maior, até atingir seu ápice na emancipação com relação aos passos evolutivos da natureza, tornando-se luz que se pode chamar de o supremo, o inefável. E é assim, diz o autor, que os povos se dirigem a essa luz como o divino, o deus, o senhor do universo.

A moça com seu cabelo *thread* muito bem cultivado lembra uma das conversas tida dias atrás.

— Mas esta história da luz é a mesma das conversas que já tivemos aqui? A luz que fez a evolução?

O estudante de cenho pálido e sobrancelhas espessas quis completar:

— Estou achando que é o mesmo fóton falado aqui, que virou partícula e onda, um paradoxo que arranha os ouvidos ao entrar. É isso?

O Pesquisador achou graça.

— Isso mesmo. Este autor, A. Young, é bom conhecedor da Física Quântica. E, em termos de refazer o caminho das etapas evolutivas na grande natureza, ele faz um trabalho muito promissor.

O que queremos filtrar aqui, é seu ponto de partida. Ele coloca a luz-fóton como início de tudo. Mas ele tem um olho no final da evolução: o que era a luz no início (uma vontade em busca da liberdade), se torna a luz no final como luz plena liberdade, se mostrando como algo que pervade o universo como um todo.

Para dizer que a luz tem uma vontade uma liberdade em andamento, ele cita grandes físicos, filósofos e gurus religiosos ou não. Aí entram diversos tipos de lógicas. E isto vem revelar que o final da liberdade da luz, já estava no início. É um círculo. É o ovo de que falamos. Tudo é o si mesmo, idêntico a si mesmo, gerindo a si mesmo. E ele quer formular uma cosmologia a partir da Física Quântica. O que é uma proposta inaugural.

Dito isto, os acontecimentos da natureza, e mesmo do universo, são geridos pela luz como liberdade, fazendo seu itinerário.

A natureza é um grande ovo, no interior do qual tudo acontece. E Young quis demonstrar isso com a pesquisa que ele apresenta basicamente neste **The Reflexive Universe.**

Decorrente disto, a luz ativa (*Quantum of action*), suprema no universo, é a vontade bem sucedida deste ovo cósmico. É cósmico no sentido que engloba todo o universo.

A luz-liberdade plena, é algo que o autor define como *non-thing-ness*, algo que não é um deus no sentido tradicional, mas uma não-coisidade suprema. Ele quer evitar cair numa teologia. Mas ele bem que admira algo como uma teologia. Aí tem coisa, diz ele, com um viés de simpatia.

Enfim, sua apresentação, tão luxuosamente trabalhada, é também uma visão de mundo, uma *fotologia*, que desenha um ovo cosmológico, e a luz, suprema mestra, supremo saber, é a fonte e a base onde todos os seres tiram sua vida e seus caminhos, seu saber e sua sabedoria.

A luz, então, aí, é a verdade escriturística nas fórmulas da Física, da Química, da Biologia, e de tudo que for ciência a mais atual. A razão científica é a razão capaz de fazer essa engenharia reversa sobre a natureza e gerar os conhecimentos capazes de gerar uma saudável civilização. As fórmulas científicas, de todo gênero e de todo campo de ciência, trarão a luz para dentro da mente humana, mostrando-lhe a transparência do universo.

Ledo engano. O autor, fala de fórmulas, e não mostra o quando elas são difíceis e demoradas para aparecerem. Não mostra o quanto de dúvidas e percalços a ciência enfrenta para conquistar um palmo à frente do nariz. Tudo é tão lento e demorado.

O autor não mostra o quanto essa ciência, como conhecimento conquistado (dessa luz?) é sempre um conhecimento aplicado para fazer armas e guerras cada vez mais destruidoras. Onde fica a luz como liberdade? Que liberdade é essa?

Essa visão idílica do caminho da luz rumo à sua autoconsciência total, não leva em conta que a história do homem, o ápice da eclosão da luz como presença na natureza, é uma história de guerras sem fim, de matanças cruéis e assustadoras. Essa história sempre foi a disputa do poder e a tomada de riquezas como questão de segurança nacional para os diversos países em luta silenciosa para se tornarem, cada um, o poder dominante. O propósito da luz, seu eclodir em estágios evolutivos, é também toda a maldade do mundo e ódio genocida dos humanos?

A luz como deus, o ovo cosmológico, esta fotologia, ou teoria da Pan-Lucidez de Young, é sim um totalitarismo ideológico. É totalitarismo porque dentro do ovo, tudo é permitido, tudo é a arte da sobrevivência do ovo, não obstante o estrago que ele gera para os que estão fora dele. Todo o caminho da evolução, toda a destruição causada pelos humanos, seriam sempre as atividades da luz no seu caminho de emancipação. O autor põe o domínio do homem sobre todas as coisas (citando aí a bíblia), como algo dentro dos passos evolutivos gerados pela luz. As guerras aí são justificadas, por coerência do esquema de análise.

O totalitarismo desta visão se mostra uma ideologia porque põe uma liberdade gerindo, sem que as criaturas saibam, os fatos e eventos da natureza. A luz é o *boss* incontestável. Tudo é ela e ela governa o universo. Todos os demais, embebendo-se das fórmulas das ciências, serão capazes de descobrir-se artefatos da luz, no caminho de sua emancipação. A liberdade humana será a liberdade de robôs.

Nesta elaboração de Young, o esquema geral de ideologias totalitárias aparece, de modo bem camuflado, mas evidente. A FALA é decifrada como o propósito da luz se manifestando em fases evolutivas, cuja decifração vem pela arte dos cientistas. A FALA aparece nas teorias da ciência, no conjunto de fórmulas que decifram os códigos da eloquência dessa luz. Por outro lado, a MISSÃO é a missão da própria luz que tem que parir sua autoconsciência, envelopada em seu propósito.

E como tudo e todos são manifestações da luz, a missão acontece pela dedicação dos cientistas, e de tantos outros, quando decifram esses códigos. A missão acontece dentro dos passos evolutivos.

O PACTO se revela no acordo tácito de aderir ao ritmo dessa luz, que tem uma vontade e um propósito. A adesão é dos humanos (cientistas, místicos, religiosos, pesquisadores diversos). O pacto se põe em vista do sucesso da missão, sucesso que tem sua recompensa como o PRÊMIO final. E o prêmio, já dissemos, é a conquista da luz como a suprema consciência, inefável e universal. A liberdade definitiva foi alcançada. É o que garantem os termos deste trabalho de Young. Sua luz um tanto divina, é o "deus" imanente desde o início dos acontecimentos cosmológicos, e que se mostra ao final como liberdade e auto-consciência absoluta. Aqui ecoa o Espírito Absoluto de Hegel.

A imanência da luz em todos os eventos da natureza e do homem, a liberdade e o propósito da luz como acontecimento nesses eventos, delineia uma ideologia totalitária, uma visão de interpretação acabada dos eventos da natureza, do universo. Esta visão totalitária é como o ovo que prende tudo e todos dentro de si, e se faz, como tal, a verdade absoluta. As pessoas presas dentro do ovo, se tornam o próprio ovo. As pessoas são feitas a própria luz em seu trajeto inquestionável. Só há a liberdade da luz, e tudo o mais, pessoas e coisas, são apenas epifenômenos da luz, no comando de sua essencialidade.

Por isto, sempre que há uma FALA que se impõe e delega uma MISSÃO, temos um alguém, de fora, dando comandos, exigindo a execução do seu projeto, a ser levado a efeito por seguidores que entregam sua vida e sua liberdade nessa obrigação.

Arthur Young vem cerca de dois séculos depois que G. W. F. Hegel. O que Young diz, em linhas gerais, é muito semelhante ao que Hegel diz. Se Hegel fala do Espírito Absoluto como algo que está presente desde o início no caminho dialético, Young diz que é a luz que carrega um propósito imanente no caminho evolutivo. Hegel trata tudo como definições conceituais no mundo da filosofia e da lógica. Young traduz tudo em fórmulas da Física, da Biologia, da Química.

O "DEUS" QUÂNTICO SE ESCONDIA NO MUNDO COMO LUZ

A FALA que fala a Hegel, é uma fala silenciosa subjacente aos passos dialéticos que precisam ser decifrados. Esta decifração resulta no quadro dos momentos dialéticos da Fenomenologia do Espírito e da Ciência da Lógica, basicamente. Hegel ouve esta fala, enquanto sua razão lógica trabalha e redige o que ouviu. Sua MISSÃO será reconstruir o edifício da filosofia em novas bases, agora consideradas as mais bem fundadas. O PACTO se mostrou nesse acordo entre Hegel e o que chama de Espírito Absoluto (no âmbito de suas elaborações lógicas). Este acordo se revela no modo como Hegel abraça este propósito de renovação da filosofia em termos mais abrangentes e melhor fundamentados, conforme seu ponto de vista.

A lógica dialética será o poder que regerá esse território. A lógica dialética é o novo poder que se impõe.

O poder da dialética subjuga toda diferença, e a absorve para dentro do conceito mais abrangente, como infinito, universal, Espírito Absoluto. A consciência individual será a consciência universal do Espírito Absoluto, o Conceito como o evento da auto-consciência plenificada.

O Espírito Absoluto, o conceito, se mostra a malha de conceitos, a rede de dogmas dialéticos, que suprimem a individualidade por colocá-la a serviço da universalidade do conceito. A alienação da consciência individual, nos passos da dialética, diz que o sistema da lógica é algo a ser seguido e obedecido. O absoluto é a realidade como totalidade. A verdade lógica gera um ovo, o ovo do destino humano como sendo o destino do Espírito Absoluto, o ovo da história humana como sendo a história do Espírito Absoluto.

E vejam vocês aí da escadaria, sempre que alguém tem que ceder sua liberdade em favor de uma liberdade que a absorve, está diante de uma doutrina, uma ideologia que pretende se hospedar na liberdade pessoal de cada um.

A Idéia Absoluta, na Ciência da Lógica, já engoliu, de passagem, as religiões que falam de um deus. E se mostra com as roupagens de um deus com tudo que ele possa ter de onisciência e desempenho na história dos homens.

A Idéia, como Idéia Absoluta, comanda a verdade do Conceito, a supremacia da Razão dialética sobre as atividades do pensar, do Estado, da sociedade humana. A unidade lógica dos eventos antagônicos funciona como uma camisa de força em vista de uma generalidade conceitual, como sendo o real como totalidade, absorvendo o indivíduo e sua liberdade essencial. O Estado finalmente será a Razão, o dirigente da dialética do conceito rumo à sua consagração definitiva. O Estado será o real como totalidade, a verdade do Conceito, o juiz racional supremo. Isto tudo abre o caminho para o controle das consciências, para a justificativa das prisões em massa e da eliminação em massa dos cidadãos. O cidadão terá sua liberdade, sua vontade, consubstanciada à vontade do Estado, que se põe em termos de o real como totalidade. Único e exclusivo. Os demais deverão ser exterminados. Aqui ecoa a palavra de Javé, deus da bíblia, dirigida a Moisés, e se referindo aos grupos humanos que habitavam as terras que comporiam a Terra Prometida. O senhor Javé dizia: "Eu os exterminarei!". Está no livro do Êxodo. Lá diz que ele se mostrará o terror e isto será sua glória.

O totalitarismo hegeliano se faz uma ideologia em que os ditames da Lógica, na forma de sua dialética, são nascidos da FALA da Razão impondo-se ao trabalho do pensador, Hegel, no caso. Hegel ouve essa FALA racional, porque ela é a condução do Espírito Absoluto, desde o início. Ele tem o comando, ele dita o acerto da elaboração racional dialética. É o Espírito Absoluto que preside a elaboração dos eventos e da retórica dialética. A singularidade da vontade pessoal, da liberdade dos indivíduos, só será verdadeira quando se aperceber de sua pertença ao Conceito, como a auto-consciência do Espírito Absoluto. O Espírito Absoluto subjuga.

Olhando de um drone no alto: toda ideologia é uma doutrina que vem de fora e que se impõe aos seus seguidores. Estes são seus serviçais. O ovo ideológico os absorve e eles se tornam o conteúdo do ovo. Tudo o mais deve ser banido, eliminado e destruído como predadores do ovo, ameaças à sua perpetuação.

O "deus", que fala a Hegel, se apresenta como o Espírito Absoluto.

Dessa aberração surge, a sua efetivação horrenda na forma do comunismo de Hess, Engels e Marx. Esse comunismo que foi palavra substituta do que Marx, com Hess, cultivavam, o satanismo ritual.

Os escritos de Marx são a expressão da FALA que ele buscou ouvir, com a qual ele buscou ter contato nos cultos satânicos. Sua FALA, a fala que ele ouvia ditava expressões como justiça social, sociedade sem classes, fim das lutas de classe, Estado como ditadura do Proletariado (uma forma cínica de justiça social), sociedade sem Estado e muitos outros termos.

Todas estas expressões atraíram, como ímã, multidões, que se mostraram multidões de incautos, que foram aliciados pelas melífluas expressões ouvidas a partir dos cultos satânicos de Marx. Estas expressões, na verdade, se mostraram códigos que acionaram ódios incontroláveis armazenados nas esperanças e sentimentos frustrados das multidões.

O comunista Bakunin que não apenas glorificava o demônio, tinha um programa concreto de revolução. Escreveu: *"Nesta revolução, devemos despertar o demônio no povo a fim de estimular as suas paixões mais inferiores"*. Bem honesto. É o que fazem os seus serviçais, os esquerdistas do Foro de São Paulo.

Em muitos lugares, em muitas obras da biografia de Marx, estão os disparates de sua personalidade desequilibrada, violenta e falsa. E isto tudo foi repassado, mas de modo escondido em seus escritos, nas formas sutis de uma redação empolgante.

Por exemplo, os socialistas que conhecemos do Foro de São Paulo, falaram e pregaram sobre a justiça social, a atenção para com os trabalhadores, etc. seguindo o programa de Marx. Na prática esses socialistas se mostraram clepto-socialistas: organizaram quadrilhas de desvio do dinheiro público em trilhões de reais, fizeram lavagem de dinheiro, esconderam seu dinheiro em bancos estrangeiros através de doleiros, ligaram-se aos narcotraficantes, corromperam os escalões da justiça brasileira (o que foi bem fácil) e os puseram a seu serviço, venderam sentenças jurídicas, compraram caríssimas propriedades em solo nacional e estrangeiro, fizeram dos partidos políticos, em boa parte, outras células do crime organizado, e muitos outros crimes como sumiço de pessoas que representavam obstáculo a seus planos. Esta lista tem centenas de outros itens igualmente nefastos.

Mas a propagada justiça social nunca aconteceu, os serviços públicos de saúde, de educação e de transporte público, ficaram cada vez mais depredados e inviáveis para servir a população.

Mostraram que o seu plano sempre foi a posse do poder para se locupletarem com o dinheiro público, e fazerem da população serviçais iludidos, trabalhadores escravos e defensores iludidos de sua propaganda falsa. Aliciados.

Por sinal, os maiorais do socialismo brasileiro foram pegos e sentenciados em sua maioria, pelos crimes acima listados. E muitos outros estão para serem julgados, mas têm a proteção dos escalões da justiça que se mostraram, em boa parte, aliados do crime organizado, ostensivamente.

Assim, o discurso socialista sempre se tem mostrado um blefe, enfeitado com palavras e expressões de ideais cheios de formosura e esperanças, mas que na prática levam ao caos e à destruição das economias nacionais. Levam a genocídios impensáveis, na Alemanha, na União Soviética, na China de Mao, na Venezuela, em Cuba, na Coréia do Norte. Levam a uma matança tão cruel quanto uma inspiração do demônio de K. Marx: Stalin decretou a morte por fome de uma região da Ucrânia. Morreram de fome e inanição, em suas casas, cerca de 7 milhões de pessoas. Foram proibidos de se alimentar, de ter alimentos em casa, de adquirir alimentos para salvar seus filhos. As carroças passavam diariamente para recolher cadáveres das famílias e pessoas em estado terminal de inanição. Mas Stalin tinha nove dashas, nove casas de descanso e veraneio. Todo planeta sabe disto. Essa inspiração é seguida por clepto-socialistas brasileiros, que, quando vão de férias, procuram países da Europa, procuram locais especiais nos EUA. Compram propriedades caríssimas na Florida, na Califórnia, em Paris. A pergunta que fica é por qual motivo gostam tanto de conforto caro, inacessível a 90% dos cidadãos? O salário desses confortáveis socialistas não daria para adquirir essas propriedades. Donde lhes vem tanto dinheiro? Por isto se opuseram ao novo presidente, rigoroso com a honestidade. Descobriram de Hitler um testamento secreto que mostrou uma fortuna em dinheiro, propriedades e ouro, descomunal. Ele era o líder do nacional socialismo. Os apadrinhados que ocupam as cadeiras do STF (Supremo Tribunal Federal) brasileiro, para passar o ano, brindaram a si mesmos com um menu que incluía vinhos que fossem 4 vezes premiados na Europa, e mais lagostas e camarões. Foram colocados aí por esquerdas que cultuam o marxismo, o maoismo. Todos ansiosos por regalias próprias de magnatas, de antigos senhores feudais e estrelas de Hollywood. Comportamento típico de socialista. Por sinal, os que escolheram os ocupantes das cadeiras do STF são todos presidentes que têm processos na justiça por graves delitos: formação de quadrilha, falsidade ideológica, desvio de dinheiro público, ação de guerrilha, e por aí vai.

Sim, sabemos pela prática, que tudo no socialismo é mentira. Mas qual é a verdade da dialética, então? É a ideologia como totalidade do real. O totalitarismo ideológico encampa o ódio visceral, armazenado nas pessoas, põe esse ódio em ebulição, deixa seus seguidores transtornados e incontroláveis, alucinados por um ideal de ilusões sem fim.

Enfim, a FALA que fala em Marx, é o seu "deus", o diabo, como ele mesmo diz. Na verdade, o deus que ele queria derrotar não tinha meios de destruição diferentes dos meios de destruição que seu diabo lhe inspirou. Conhecem a história da Europa, do cristianismo (derivado do conto de Moisés), lá e no além-mar? E depois seu transplante para cá? É bom ter mais curiosidade.

O terrorismo do totalitarismo teológico cristão não é diferente do totalitarismo demonológico do marxismo, e dos socialismos por aí gerados. A teologia se revela como demonologia. Por sinal o papa atual tem se mostrado um grande amigo que se aproxima explicitamente das correntes marxistas e maoístas. Mostrou toda sua atenção por um dos condutores da pior podridão política que o Brasil já enfrentou, na pessoa de um proletário, um falsário ambicioso, mentiroso, ladrão (comprovado por 15 juízes que o julgaram e condenaram), e articulador de uma rede criminosa chamada de "crime organizado" por dois procuradores da República brasileira. Esse papa elogiou publicamente uma organização vandálica e com um histórico de agressões contra o povo criada por esses marxistas maoístas, um histórico de depredação de edifícios públicos e de fazendas produtivas. Tudo ao estilo do programa de desestabilização das estruturas sociais criado por terroristas marxistas.

Toda ideologia, todo totalitarismo, se instala a partir de uma grande ilusão recheada de ilusões sem conta. Moisés e Josué não desencadearam uma escalada de matanças na busca do tesouro das ilusões que era a Terra Prometida que nunca viram? A sequência do cristianismo só piorou os níveis da ilusão vendida como salvação: ressurreição (emprestada dos egípcios antigos), paraíso como prêmio, imaculada conceição (clonando narrativas de personagens da antiga Suméria, ou mesmo da concepção de Hórus), trindade (Platão retomado, feito cristão), encarnação de um deus (sustentando, numa pregação desavisada, suspiros por um messias vindo das nuvens), etc. Se isto não for uma lista de ilusões, todos têm o direito de ganhar o prêmio maior da loteria.

A luz - no esquema de Young -, como o ápice da conquista de uma evolução transfiguradora de todo o universo, não é uma ofuscante ilusão que deixa de enxergar o descalabro dos tempos atuais, dramáticos e penosos, gerados por uma suposta evolução permeada de luz? Essa visão de uma luz evoluindo em sua consciência, com o evoluir da natureza, não teve claridade suficiente para perceber os horrores das guerras do século XX, tremendas e difíceis até de imaginar? Essa luz não teve uma vela acesa para enxergar a deprimente história da formação dos estados europeus, ou da China ou do Japão?

No mesmo nível se coloca a ilusão, circundada de racionalidade pela dialética hegeliana, ou recheada de ódio pela dialética da ditadura do proletariado. Ilusões. As ilusões mobilizam. As ilusões fazem emergir violências e as vinganças mais mortíferas repetindo os efeitos do gás mostarda. A ilusão se condensa numa opulenta e brilhante pirâmide de ouro.

Totalitarismo ideológico e deus, andam juntos. Qualquer conceito de deus ou equivalente. A ideologia tem uma FALA, e quer ser o todo, para todos. Quer ter o comando de todos. Esse comando domina através de termos adocicados como "fé", "convicção", "ideal", "sociedade sem classes", "auto-consciência do Espírito Absoluto" de Hegel, e tantos outros termos que representam o narcótico que corre na mente e nas veias das pessoas.

O deus que se mostra escondido é o deus que sopra uma ideologia totalitarista. O totalitarismo esconde muitos anseios dos humanos, anseios que dormem em suas pretensões de serem supremos, contra tudo e contra todos. Os totalitarismos, todos expressão de fascismo, fazem entrar em ebulição o que se esconde na matriz do humanóide como tal. É um chamado. No capítulo 8 daremos notícias da estrutura desse humanóide.

O totalitarismo é o deus total, uma totalidade que se exprime em idéia, em estruturas sociais, em configuração de culturas e posturas de indivíduos. Os totalitarismos sempre pedem a auto-imolação. As pessoas são cooptadas de tal maneira, em suas entranhas, que dar a vida por seu totalitarismo de escolha, ou serem torturadas, e queimadas, jogadas às feras, sacrificadas, ou devotadas a vida inteira, as tornam felizes, um exemplo, um herói. Na verdade, se imolaram ao deus que gerou o apagamento de sua liberdade essencial e as tornou repasto. E o deus que pede sacrifícios, ofertas de cadáveres junto com sua liberdade só pode ser um demônio. Será que não? Neste contexto, há mais que se diga a respeito da oferta principal na missa cristã, que foi sacrificada e de que todos devem comer as carnes e beber do seu sangue. Canibalismo explícito que gera união com o deus. Essa união é o apagamento de si para que o deus se aposse do vazio deixado pela emasculação de sua liberdade. A escuridão toma conta no apagar da liberdade.

4 ONDAS E PARTÍCULAS

Caros estudantes, vamos iniciar uma jornada, colhendo as lições das críticas (depuração do olhar) que fizemos nas conversas anteriores. E também iremos atravessar uma certa barreira de enevoamento que esconde aspectos importantes dos textos (4) que examinamos aí atrás. O enevoamento dos textos é arte proposital das FALAS que estão por trás deles. O autor das falas não quer se fazer presente nem reconhecido. Aparece no meio do enevoamento, uma bruma densa, e camuflado em uma roupagem usada por deuses diversos. O texto é FALA de um "deus", camuflado. Ao atravessar a barreira de enevoamento, iremos descobrir o motivo pelo qual essas FALAS captam os incautos, inebriam suas mentes, mobilizam suas forças totais.

— Mas não existe nada de verdade em nenhuma das propostas que examinamos? - clamou Gulag, com indignação.

— Qualquer um sabe que elas representam a nata da produção do conhecimento humano. São teorias que querem o bem da sociedade humana, sua evolução cada vez mais elevada. - Disse a menina de cabelos *thread* .

— "Verdade", Gulag, é uma palavra enganosa, - interfere o Pesquisador. Qual a verdade dos dentes do jacaré? Não são dentes de predador? São dentes feitos para abocanhar sua caça, dentes colocados numa mandíbula de constrição para produzir um massacre em instantes. Não é mesmo?

Se vocês tiverem paciência, podemos criar novos termos, bem melhores que "verdade", e mesmo melhor que "conhecimento". Estes e outros termos, muito utilizados, já estão muito carregados de história, de ideologias e representam uma semântica contaminada. Soam como pregação dogmática. Qualquer linguista sabe disso. Os poetas, então, nem se fala. Para cada um, estas e outras palavras acendem um vespeiro que protege a rede de termos e conhecimentos que o indivíduo acumulou.

AS ONDAS CONHECIDAS E SUAS FALAS

A grande tacada de A. Young na proposição de sua hipótese a respeito da luz, é que ele vai direto na Física Quântica e toma daí os conceitos sobre as ondas e as partículas, seguindo as pesquisas de notáveis cientistas (De Broglie, Bohr, Heisenberg, e outros).

Young fala das ondas físicas. Se atém ao mundo físico, tridimensional, como se costuma dizer. Ele se afasta dos espiritualistas que falam da luz como algo que mora num portal de revelações fora do alcance da razão humana. Young quer evidenciar que sua luz, mesmo que vá se mostrar, ao final, como uma luz um tanto divina, essa luz é a própria concretude da realidade, é a mesma luz que dá origem à matéria e suas formas.

Essa onda/partícula, tal como descrita e apresentada por Young, com base na Física Quântica, é uma onda/partícula da nossa experiência, e alicerça uma abordagem dos fenômenos físicos, particularmente o do eletromagnetismo.

Young aceita que o Universo tem sua base de realidade no fenômeno onda/partícula. Mas a luz de que ele trata aparece em seu trabalho como um querer que se manifesta nas formas evolutivas, que, por sinal, são todas derivadas das partículas. Aí, a luz, como esse querer, impele o mundo da matéria a desdobrar-se nas formas de sua evolução.

No entanto, ao final da epopéia da evolução, a luz segue como luz, sem que se diga que seja onda ou partícula. No início do trabalho ele diz, em determinado momento, que a luz como início de sua caminhada cósmica se faz fótons. E fótons são a expressão da Incerteza quântica, como ondas e partículas.

Não está claro o que Young quer dizer com a luz no final da evolução, após o sub-estágio do "domínio". Ela é caracterizada como o inefável, o supremo, a suprema liberdade. E perguntamos: "como onda?" Como a expressão da Incerteza "onda/partícula"?

A luz, para ele, é a fala que ele ouve, mas encriptada na manifestação das partículas elementares e nos processos evolutivos, e que é a vontade imperante em todo o processo cósmico de fazer surgir as partículas que darão a fisionomia do Universo atual. Trata-se de uma vontade que fala ao autor.

É então que não fica claro qual é o papel do que é definido como onda, ou do que é definido como partícula. A luz, antes de projetar o fóton, é o quê? uma onda ou uma partícula? E que luz é esta? A luz do sol? A luz do sol não seria algo de apenas um bairro do Universo metrópole como um todo? Luz de um Big Bang? Um destaque se dê ao que Young fala dessa luz. Ela é uma vontade que impele e se desdobra como a própria feitura do Universo.

Assim, para ele, a luz é uma vontade, um acontecer através da própria elaboração do Universo atual. O propósito desta luz (os fótons são *Quanta of action*) aparece na história de todo o Universo desde seus primórdios. Sejam quais forem esses primórdios. Nada esclarecidos como tais.

A luz fala e seu propósito vai emergindo no propósito de cada povo como cultura ou civilização. Se a fala da luz era de outro formato antes de aparecer a fala humana, pela fala humana a luz fala em idiomas. O propósito da luz aparece retratado no propósito dos povos em busca de seu poder e de sua afirmação. Young coloca como caldo evolucionário todo o percurso do homem, dos povos, mesmo que esse percurso seja extremamente cheio de matanças e destruições de todo gênero. A luz se exprime deste jeito, enfim. O cenário total do Universo acontece na Terra.

As culturas expressam aquilo que é fala dessa luz. A luz, para Young não se manifesta somente como evolução de partículas, minerais, vegetais e animais. Mas se manifesta também como consciência humana, como inteligência e conhecimento. Essa inteligência cognitiva eclode, para Young, como domínio sobre todas as coisas. E domínio será entendido como uma característica exponencial e suprema da luz. Daí sua qualificação como divina. A luz, enfim, nesse trabalho de Young, se mostra, finalmente, como uma entidade, se mostra como algo que se faz universo e, por meio de seus desdobramentos evolucionários em diversos estágios, alcança sua plena consciência e sua plena substancialidade de ser.

Parvólio de algum modo mostrava uma face sorridente com brilho nos olhos. O estudante de sobrancelhas carregadas e tez pálida, fez uma observação.

— Esse esquema do Young me parece um tanto repetitivo. Um pessoal andou me convidando para subir uma montanha e tomar luz do sol, dizendo que olhar direto para a luz do sol faz bem e que alimentar-se da luz do sol tem a vantagem de substituir a alimentação costumeira. Mas não aceitei esse convite, porque fica muito na imaginação.

O que todo mundo percebe, arremata o Pesquisador, é que um certo pessoal espiritualista ou que se nutre de uma cultura ecologista, de um lado faz da luz algo sagrado criado por uma divindade, e, de outro lado, algo que é a própria divindade. Afinal, a luz é algo criado ou o próprio criador? Esse pessoal não decide.

Caro estudante, vou fazer algumas observações que conduzirão nosso roteiro de conversas aqui na escadaria.

A primeira delas diz que iremos retomar os quatro autores de que falamos anteriormente por aqui, isto é, Young, o Escriba que criou Moisés, Georg W. F. Hegel e Marx, o possuído.

A segunda informação é que, ao retomarmos esses autores, iremos destacar como são dependentes de um "deus" ou de um "demônio" para darem um tom apocalíptico a suas propostas teóricas que, por sinal, envolvem a humanidade e o mundo todo. Para eles o Universo sempre pressupõe um "deus".

A terceira informação é que iremos colocar o ponto de vista que resolve essa situação sem apelar para deuses reveladores ou controladores dos termos da proposta. Trabalharemos com os termos "onda" e "partícula". E adiantamos: a fala que fala em todos os tempos, é onda. Aos poucos isto irá ficando muito claro.

Acima já mostramos como Young faz apelo a uma divindade que, a seu ver, dá à sua proposta a qualificação de inspiração divina.

Agora vamos repassar a proposta do Escriba que coloca um Moisés em cena para fazer sua proposta apocalíptica sobre os destinos da humanidade e cosmos (tal como ele entendia).

Moisés, já dissemos, é a formulação de um panfleto tipo "Manifesto Comunista", em que a figura do herói (Moisés, no caso) toma de empréstimo diversos elementos biográficos de personagens de destaque da época do Escriba. Um herói estereotipado, com um perfil de sempre. O Escriba procurou tecer uma figura que fosse atraente e irrecusável ao povo alvo, e que representasse a escolha de um deus (no caso Javé, dos Hebreus).

O Escriba põe esse deus como criando uma distinção racial nesse povo Hebreu. Um "povo escolhido" em oposição aos demais povos da região. A raça escolhida teria uma missão sobre todos os povos (raças) em que retomaria os ideais do Antigo Testamento (da bíblia hebraica), de estabelecer um reinado e um julgamento sobre todos. Seria porta voz de um deus governador do mundo. Essa missão do povo, culminaria com a posse de uma Terra dita Prometida por esse deus, onde haveria abundância do que precisassem (riquezas). Enfim: um poder total (reinado sobre todos), território e riquezas abundantes.

Essa proposta grandiloquente se insere num contexto apocalíptico das escrituras do Escriba, visto que lá aparece que um Filho de Homem iria vir pelas nuvens e julgar os vivos e mortos. Estabeleceria uma nova ordem, julgamento e reino. E todos os povos receberiam os benefícios dessa nova ordem total. Mas o custo disso foram inúmeras guerras e extermínios levados a cabo pelo pessoal que endossou esta missão (pelo escrito do Escriba).

Na verdade, os Hebreus não designavam como "deus" esse seu Javé. Desde antiga tradição Suméria havia o "Senhor", ou o "Senhor do alto". Tratava-se, conforme os textos, dos navegadores de naves que desceram no Golfo Pérsico cerca de 420.000 anos AC. Esses navegadores apresentaram Nibiru como o que interferiu no sistema solar, bateu no planeta Tiamat, depois Ki, e que chamamos Terra. A partir daí o sistema solar criou sua forma atual.

Já dissemos que esse Senhor - Javé - usurpou (pela mão do Escriba) o lugar de sujeito na narrativa (acadiana) da composição do nosso sistema solar. O sujeito era Marduk, filho de Ptah. E Marduk usurpou na narrativa (originada na Suméria), o lugar de Nibiru, que, por sinal foi o corpo celeste que tropeçou em nosso sistema solar e definiu novos e definitivos acontecimentos. Assim temos a sequência: Nibiru, Marduk,

Javé. Nibiru ocupava o lugar de sujeito da narrativa. Marduk usurpou seu papel e Javé usurpou o lugar de Marduk, sujeito da narrativa como o fez Marduk.

A narrativa sobre Nibiru vem da Suméria e era monitorada pelos navegadores aéreos. Mas a narrativa que coloca Javé em lugar de Nibiru, dá a esta narrativa um ar de primitivismo próprio de povos saídos recentemente do neolítico.

Assim, para o cenário bíblico, para o cenário missionário de Moisés (o Escriba que o criou), o mundo se resumia ao contexto terreno, ao alcance dos olhos. A luz, criada por uma palavra do Senhor, era apenas uma das criaturas. E o Senhor era também uma das criaturas, cuja identidade remontava aos antigos Sumérios. Era apenas um dos que embarcavam naquelas naves, de que falam os textos sumérios.

Nem a luz tem algum papel mais fundamental, nem o universo é maior que a paisagem visível e suas estrelas no firmamento. O texto de Moisés quer colocar o seu Javé como o supremo e único. É feito o criador do Universo, este ao alcance apenas dos olhos.

Tanto Young, como o Escriba de Moisés, propõem esse apocalipse de reorganização escatológica do Universo (cada um com seu horizonte). E ambos não conseguem sair do casulo construído por seu pensar, e onde vive a pupa que ecoa uma fala nos bastidores. Ambos pensam o Universo, dentro deste mesmo Universo sem conseguir ultrapassá-lo. É o casulo.

Ambos pensam e retratam um Universo apresentando-o com cuidado para não romper com a imagem que seus olhos testemunham. Tudo ao alcance dos sensores corporais humanos. Para Young, o conhecimento da ciência é a abnegada dedicação a uma espiritualidade que revela a luz e sua matéria no Universo disponível. Para o Escriba de Moisés, a luz nem tem o que fazer. As nuvens é que recebem aí uma atenção maior, porque é por lá que vem o grande messias resgatador do Universo Terra. Esta cena é tirada dos eventos da Suméria, em que os poderosos Senhores, navegadores, passavam pelas nuvens e alcançavam os zigurates.

Por outro lado, G. W. F. Hegel tece seu casulo com um esmero difícil de descrever. Não fala de luz, nem de onda. O cristianismo e sua revelação aparecem só de passagem e desparecem na voragem da marcha napoleônica da dialética. Hegel fala, antes, de um desdobramento que leva ao seu Espírito Absoluto. Hegel segue obsequiosamente o caminho que o conduz ao seio de seu Espírito.

O Universo de Hegel não era muito vasto. Era, antes de tudo, o universo humano, o universo da sociedade dos homens. O homem era ainda o centro da criação, era o fato supremo de todos os acontecimentos da Galáxia. A suprema tarefa do homem era, portanto, encontrar a chave do conhecimento que o levasse ao absoluto, à saciedade cognitiva, ao saber absoluto, ao conceito. O Universo estava a serviço do homem

Para Hegel, o Universo se abria para a cognição dialética, no ritmo do Espírito Absoluto. A dialética era, no fundo, uma revelação suprema do Espírito. A fala do Espírito, era forte e exigente, nos termos da dialética que se elaborava a si mesma. Essa fala revelava que tudo neste Universo, todos os eventos humanos, sociais e culturais, eram o caminhar e o acontecer do próprio destino do Universo.

Enfim, para Hegel, o Universo estava ao alcance da dialética do Espírito Absoluto. O pensar se apresentou como o recurso fundamental para decifrar o destino humano, e, por aí, o destino do Universo. Mas o pensar é um aspecto deste Universo que o deixa trancado no casulo desse mesmo Universo. Neste caso, o pensar apenas reconhece seu casulo.

Como comparamos a ideologia do Escriba de Moisés com a de K. Marx, vamos então dar notícia deste último, sobre questões do Universo. Marx acompanha Hegel na visão da sociedade, em termos que seria uma reviravolta na ordenação social o que traria o paraíso da Terra Prometida, como sociedade sem classes ou uma sociedade sem Estado, embora fosse uma nunca acontecida ditadura do idealizado proletariado. Fantasiosas e descabidas promessas, como soe acontecer com todo o vendilhão de ilusões.

Em vez de invocar Javé, que ele diz que deve ser destruído, em vez, ainda, de invocar o Espírito Absoluto, ele invoca sua alma gêmea, o próprio diabo. Seu Universo será plasmado pelo diabo em pessoa, e seu fiel servidor K. Marx. Mas o Universo continua sendo os estreitos limites da Terra convulsiva. A solução dos desacertos da humanidade, para ele, passa pela convulsão social geradora de extermínios sem fim. Todos os medalhões europeus, africanos, asiáticos ou latino-americanos que seguiram suas inspirações (do diabo de Marx), se deram muito mal. Arruaças, holocaustos, desgoverno, miséria, apagamento da liberdade, ditaduras sufocando as democracias. E muito ódio produzido por essas idéias marxistas. Fez surgir uma propaganda imensa alimentada por mentiras, velhacarias, roubos, fez surgir o clepto-socialismo (os socialistas brasileiros são exemplos disso), o analfabetismo funcional como meta educacional (criação do clepto-socialismo) orgias, sexo e drogas sem limites, até no ambiente de sala de aula (criação dos partidos de esquerda). Esse clepto-socialismo se organizou em células políticas, também denominadas pelo Procurador Geral da República crime organizado, que lotou os quadros dos três poderes, e se tornou a trava e a decadência do país por décadas. Woodstock é outro exemplo do alto nível de elaboração do socialismo da Escola de Frankfurt. Terra encharcada de chuvas, fezes, vômitos, urina, e muita droga, orgias e sexo, tipo pocilga, servindo de colchão para os que lá se aglomeraram atraídos pelo espírito que os convocou.

K. Marx inspirado na tirania monofocal da dialética hegeliana, reforçado por seus próprios rituais satânicos, mostrou com clareza uma nova forma de Universo, o que permanecia escondido sob a formalidade dos regulamentos, das leis, das etiquetas. E eclodiu no clarão do dia o cenário do Universo que se escondia por trás das elaborações mais ortodoxas e científicas. Este Universo caótico e cheio de ódios reúne e coopta multidões de adeptos e dedicados servidores.

Por que dizemos que tudo isso são mostras do que contém o Universo? ou da definição do próprio Universo?

REPAREM NA FALA

Primeiro a fala da luz de Young, que, pelo itinerário da ciência formulava caladamente uma teologia do Universo. A luz como condição fundamental para o acontecimento da vida era também a luz teológica, a mostra fotônica da radiação de fundo do Universo. A fala captada pela luz, carregada da Incerteza quântica, apontava para um *théos*, um *Boss* por trás de tudo.

Depois a fala de Hegel. O Espírito Absoluto tudo lhe ditou. Ele monitorava, pelo regulamento da dialética, o caminhar de Hegel rumo ao Conceito. O Espírito Absoluto era a própria voz do Universo, a radiação de fundo, captada em termos de uma inexorável dialética. Essa fala, tão lógica e severa, escondia um totalitarismo controlador, um poder avassalador. Por essa lógica o Espírito Absoluto ensinava que todo evento humano e societário, todo acontecimento do Universo, a Terra Universo, era a práxis do Espírito Absoluto. O espírito da lógica amansava o espírito de rebeldia ou de liberdade. Essa fala, em forma de lógica, revelou algo monstruoso escondido com um nome culturalmente aceitável.

Essa fala se continua na fala do diabo das escrituras de Marx. Ele escancara o que o Espírito Absoluto de Hegel transformara em revelação de um saber inacessível, reportada na Enciclopédia das Ciências Filosóficas. E o que a fala do diabo de Marx traz é o espanto de incomensuráveis conflitos e destruições, camufladas em doces palavras que descreveriam uma sociedade sem conflitos, de igualdade para todos. A ilusão que a fala veicula ressoa em cada indivíduo, porque esses indivíduos estão desde sempre vinculados à meta de uma ditadura sobre cadáveres. Marx não esconde a figura da voz que lhe fala e o agita, como agitou os alucinados que se reuniram em Woodstock, possuídos por anagramas dos missionários de Frankfurt.

A fala de Javé, ressoava na cabeça do Escriba para criar a figura icônica do poder e da tirania, Moisés. A fala é tida como revelação de um bondoso Senhor do alto (EN ou EL, do sumério), traduzido como "deus" (através do grego e do latim). O Escriba coloca essa fala em contextos que põem esse Senhor como o plasmador do destino do Universo, bem como o criador de tudo, pela tradição do Gênesis hebraico. Assim, essa fala revela um criador que dita tudo para seus fiéis seguidores e que massacra quem lhe é estranho. É uma fala de um dominador implacável. Um controlador que se inspirou no olho que tudo vê. Ele mora dentro do seu fiel. Ele anula a liberdade de quem quer que seja. Ele é o poder que se revela como o governador rei de toda a Terra, e a Terra e suas estrelas é o Universo total da bíblia.

Se vocês repararem, essas falas apresentadas acima, são incrivelmente semelhantes, notavelmente iguais naquilo que propõem:

uma visão totalitária da sociedade, do mundo e, portanto, a visão de um Universo regido por um poderoso chefão.

Essa fala por mais que esconda, e quando o faz, deixa claro que o assim considerado chefão do Universo é o controlador, o que tudo vê, o que põe um itinerário para todos, a fim de chegarem ao objetivo posto pelo mesmo poderoso chefão.

Esse ponto de chegada sempre é uma ilusão como Terra Prometida, luz teológica, o Conceito como a ortodoxia e mente do Espírito Absoluto hegeliano, e, finalmente, com clareza, o diabo marxista.

Tal itinerário dos deuses supremos tem controles e gera capatazes controladores, os guardiões da doutrina, os zelosos zelotes que queimarão em fogueiras os que pensaram em escapar do controle. O totalitarismo ideológico, essas visões de Universo e destino humano que apresentamos acima, trazem em seus escritos e proclamações um desfecho de mortes como extermínio de multidões, uma exigência de uniformização do pensar, uma ânsia de forjar uma cultura monofocal, um massacre contra a comunicação que ouse identificá-lo.

Essas visões totalitárias apagam a liberdade do indivíduo, manipulam suas decisões, e, sobretudo, alimentam desmesuradamente a ilusão de que são a oferta mais sublime que os deuses fizeram aos mortais.

Pois bem, tais falas se repetem em milênios diferentes, em séculos diferentes, em regiões diferentes, com povos diferentes. Mas trazem sempre a mesma proposta. A proposta pode apresentar uma embalagem diferente, mas é sempre a mesma.

Enfim, é preciso admitir que essas falas, e outras e outras, são uma só fala. A mesma fala das ilusões no trilho totalitarista.

Dá-se a fala. Uma fala única e monocórdica que se manifesta em regiões diferentes do planeta, em épocas diferentes da história humana.

A característica dessa fala, é que se parece com um ovo. Um ovo posto na mente do humanóide para se abrir e gerar algo que terá a imagem e semelhança do seu poedor.

MAS COMO PODE SER?

Essa fala tem tudo de uma onda. Só uma onda pode estar sempre presente, sem ter que ser restringida por qualquer tipo de espacialidade ou de temporalidade.

Uma onda não tem características de tempo ou de espaço. Só a partícula atômica, por convenção de teorias, recebe as características de tempo e espaço, massa, carga elétrica, spin, e diversas outras.

As ondas de luz, foram examinadas pelos cientistas sob o foco que sua teoria lhes impunha. E as teorias focavam a partir da razão científica. E a razão científica é feita de lógicas e matemáticas como linguagens descritivas de fenômenos em que se aplicam as teorias. As linguagens das lógicas e das matemáticas são camisas de força que abraçam e mumificam as teorias.

É assim que a compreensão das ondas se reteve na expressão estagnada de uma teoria. Se dirigirmos o olhar para o caso das ondas, veremos que elas se tornaram um objeto do estudo das ciências. O conhecimento de ondas será o conhecimento que a teoria permite que se tenha. O alcance limite da teoria será o alcance limite desse conhecimento. E o conhecimento se utiliza das lógicas e das matemáticas que funcionam como meio de expressão da apreensão do fenômeno. Esses meios de expressão se tornam areia movediça que dificulta o avanço do conhecimento.

O conhecimento científico se firma, como conhecimento, no âmbito das teorias, as quais buscam justificativas para suas apreensões cognitivas alicerçadas nas condições de tempo e espaço. A matéria se aloja no tempo e espaço ou no espaço-tempo, se quiserem. Se a apreensão cognitiva não se centrar no fenômeno de uma matéria alojada no espaço-tempo, será considerada fora de propósito, descabida e alucinada por fantasmagorias. Com este problema A. Young se deparou. Procurou não ser classificado como um cientista que sai dos trilhos e entra na trilha dos mitos e das místicas. Procurou dar aos mitos e místicas um acento na cátedra das ciências. Assim, como cientista, Young poderia dar validade a esses conhecimentos tidos sob suspeita no âmbito das ciências.

No entanto, tanto a fala científica de Young, como a fala dos textos míticos e místicos, são expressões apenas de partículas e não de ondas. Melhor dizendo, as falas do Escriba de Moisés, de Hegel (com sua dialética aprimorada), de Marx (com sua proposta de devastação), de Young (com sua unificação da luz como o supremo na consubstanciação científica da teologia), são falas sopradas por uma onda. Porque só uma onda pode falar sem considerações de tempo ou de espaço. Só uma onda é sempre presente.

No entanto, sua expressão em forma de textos segue a rotina de expressão com base em lógicas ou matemáticas. Esta prisão no espaço-tempo, ou coisa equivalente, é o mundo das partículas. O texto soprado pela fala fica recluso e aplicável somente ao mundo das partículas, o mundo presente, do já agora, do que se considera o tempo cronológico.

Toda a realidade que nos cerca, no planeta e fora dele, ao alcance dos sensores humanos ou de seus equipamentos, se mostra uma realidade feita de partículas. Tudo se mostra ao sensorial. Mas a onda que fala através dos tempos, ou dos espaços, ela não se mostra diretamente aos sensores de espécie alguma. Não se mostra, portanto, à atividade cerebral. Não se mostra à atividade lógica ou matemática da inteligência. A onda que se manifesta, o faz apenas através de mediações. Quem ouve a fala-onda a traduz em linguagem humana, e se utiliza da gramática e das linguagens formais. Diz-se que a onda é uma fala, apenas como modo de dizer que ela traz um conteúdo, uma exigência. Mas a onda não fala, não formula frases. A onda se apresenta sem ser visível ou detectável pelos sensores humanos. Quando Hegel, o Escriba, Young ou Marx reportam suas teorias em forma de obras escritas, eles estão traduzindo o dizer da onda, em dizeres linguísticos. "Inefável" é o que, por sua natureza, não pode ser falado. A "fala" da onda, para ser inteligível, teve um trabalho de tradução linguística pelos recursos do cérebro. As frases que, então, se dizem, reportam o que foi ouvido. Mas reportam com limitações próprias do cérebro e da linguagem humana. Ou seja, não é o cérebro que ouve. O cérebro é apenas mediador de uma "fala" inaudível para o sensor auditivo.

A onda é comunicação contínua e ininterrupta. A onda é, na verdade, o conjunto das ondas do Universo. Ela, como conjunto, se comunica com a onda que se faz um eu na pessoa, e que adota um corpo como meio de expressão ao alcance dos sensores humanos corporais. E o corpo é todo ele partícula. Trilhões de partículas que compõem seus átomos, suas moléculas e células.

Assim é que o corpo, como uma mostra de partículas, se revela como apenas um instrumento da onda. Se a onda mestre falou, não falou para um cérebro. Falou para a onda eu, uma pessoa. A onda-eu estará sempre traduzindo o texto contínuo da onda mestre, em formas linguísticas humanas, na precariedade da gramática e das estruturas lógico-matemáticas, próprias do mundo das partículas.

A onda mestre, não se esqueça, é o conjunto das ondas do Universo. E sua comunicação é contínua e ininterrupta. A onda-eu, a pessoa, estará continuamente à mercê da fala da onda mestre. A onda mestre tudo dirige e controla.

Relembremos os textos oferecidos à leitura humana por Hegel, Young, o Escriba de Moisés e Marx. São textos da onda mestre traduzidos em linguagem humana em montagem de lógica e matemática. A onda mestre controla o texto e sua destinação. A onda mestre oferece um texto ao humano de seu alvo privilegiado, e sabe que esse humano, como multidão, será mobilizado, agitado, arrebatado, pelo seu conteúdo, por sua proposta de ilusões geradoras de vertigens alucinatórias. A onda mestre sabe do potencial numérico dos que se deixaram enredar pelo texto. São indivíduos que alimentam ideais de poder, de riqueza, de dominação, de controle doutrinário ou policial, de ditadura jurídica ou midiática, de supremacia de toda ordem. Será o texto que irá despertar essa enxurrada que desce a montanha como avalanche de dejetos. Exemplo claro são as manifestações da ditadura em que se tornou o STF brasileiro, acompanhado de corruptos políticos e traficantes, todos apoiadores da "nova ordem" da esquerda.

E todos os ondas-eus, as multidões, que se deixaram captar pelo texto da onda mestre, em forma dos manuscritos desses autores acima citados e de muitos outros, se fizeram apóstolos, missionários, guerreiros, kamikases, ferozes defensores da proposta, furiosos agressores dos que se lhes resistiram, figuras distorcidas e monstruosas como as de filme de terror. É só ver o desfile delas pela história. Hoje percebemos que essas figuras horrendas se mostram cheias de sutilezas, como os que se escondem atrás do missionarismo esquerdista devastador, intimidador e avassalador dos *Checking Facts* e dos *Sleeping Giants*, dos *Antifas*, dos MST milicianos baderneiros fora da lei, dos falsários de toga, da OAB, ou a gente da ABI, da Comissão dos Direitos Humanos da ONU, a reunião de criminosos do Foro de São

Paulo, dos perigosos componentes das torcidas organizadas do esporte, e até dos devotos de Soros que patrulham as águas como piratas do equivocado Green Peace. O fascismo tem sua galeria. A onda mestre mostra que a mentira, a falsidade violenta, o comportamento canalha são exponenciais em sua índole. Ela é a matriz de tudo que é pior.

Mas se apresenta como a Luz teológica cheia de elevação, ou como o Espírito Absoluto com um viés teológico, ou Senhor Javé zeloso, mas se mostra também no diabo de Marx porque o clima social o solicitava. O discurso de ilusões é sempre o mesmo, mas a onda mestre se traveste de todo tipo de personagem ao gosto de suas vítimas: até de um anjo loiro de olhos azuis fabricado por Rafael, ou de um Malakim cabalístico, ou de sábios vetustos e barbudos com longas vestes brancas, Magos, bruxos, Pais-de-Santo, orixás, ou através de visões e revelações de Senhoras, que reeditam a figura de Ísis com seu filho no colo, ou através de demônios de todo tipo (Baphomet, Lúcifer, Satanás e muitos outros em todas as culturas).

Os textos da onda mestre, quer venham da luz teológica de Young, ou do Espírito Absoluto de Hegel, ou do Escriba de Javé e mesmo do diabo de Marx, põem, cada um, seu totalitarismo. E totalitarismo aí vem disfarçado num anagrama lógico para genocídio e controle total, para devastação e destruição, reprisando o coliseu maoísta, stalinista, nazista, castrista ou chavista, em escala planetária.

Não esquecer que a onda mestre é comunicação contínua sem estar presa nem ao tempo cronológico, nem ao espaço geográfico. Tempo e espaço ou espaço-tempo são criações equivocadas da visão partícula dos humanos levados pela definição "ciência" de suas buscas.

A onda mestre sufoca a onda-eu, a pessoa humana. Um eu humano estará sempre sendo teleguiado pela fala ininterrupta da onda mestre. O fazer "ciência" é um dos modos de controle da onda mestre. Depois abordaremos como fica a onda-eu que chamamos pessoa humana.

Citei, em nossas conversas de escadaria, quatro áreas de ideologias: teológica, científica, filosófica e político-econômica. Cada classe dessas se abre em milhares de subclasses (possibilidades a perder de vista). Toda ideologia tem sua matriz como emanação da fala da onda mestre. E a onda mestre são trilhões e trilhões de ondas. Incontáveis.

Tudo que passa pela cabeça, pelo raciocínio do humano, vem da fala da onda mestre. A onda mestre pensa na cabeça do homem, fala nele. Depois abordaremos esta questão crucial da onda-eu, entendida como pessoa humana. Onda com onda estão em comunicação, não é mesmo?

Nesta hora, Gulag fez uma pergunta com a intenção de sacudir o mastro do navio.

— Essa sua conversa sobre ondas é muito vaga, e deixa a gente sem chão.

— Hum. Vi que vocês estavam quietos demais. É a falta de chão. Por sinal, Gulag, o assunto ondas remete mesmo para uma falta de chão. Por sinal as ondas não têm chão, não têm céu, e nem mesmo calendário.

Vamos começar dizendo que as ondas são uma essência. Um certo tipo. E o que é essência?

Quando dizemos que um cavalo é um "ser" estamos dizendo que ele tem umas propriedades, umas características, que o colocam no mundo dos seres junto com outros "seres". Vamos dizer que as ondas são "seres". Só que esses "seres" são tão diversos com relação ao "ser cavalo", que resolvemos chamá-las de "essência".

ONDAS, ESSÊNCIAS E MUNDO CONCRETO

Mas o que seria uma essência? O verbo "ser", em português, é o verbo "esse", em latim. Mas a palavra "ser" referente ao cavalo é um nome substantivo. Então, o nome substantivo em latim é "ens" (entis). Poderíamos dizer: *ser > serência*, seguindo o esquema *esse > essentia* (essência). Mas não temos "serência" em português. Por isso dizemos *ser* (verbo) e *ser (*substantivo), e até ente.

A onda como essência é um modo de designar algo que não tem equivalente com que se compare no mundo dito 3D. Essência aqui vai designar essa onda de que falamos, indicando aquelas propriedades que são únicas dela, propriedades que apontam para o que ela é em si mesma, como tal. Definir a essência de algo é um pouco andar em círculos. Mas uma essência, a onda, já dissemos, não tem propriedades espaciais ou temporais. Não tem extensão, nem cronologia. Não se pode falar que uma essência dessas tenha uma existência. Existência é um termo que arrasta, como enfoque, essa onda para dentro do 3D, deste mundo atual. Seria uma abordagem equivocada.

A onda como essência, é sempre ela mesma, sem ter que passar para dentro do tempo. Por sinal, esse tempo ainda tem que ser revisto. E, já dissemos, uma essência, por ser essência, não ocupa espaço, nem pode ser localizada com GPS. Trilhões incontáveis de essências não ocupam nenhum espaço e podem ser consideradas, figurativamente, pelos humanos, como sendo, todas juntas, um pontinho mínimo. E todas estão em comunicação com todas. E mantêm sua identidade individual.

As essências estão em contínua comunicação. Por isto, os humanos escutam coisas que consideram empolgantes e depois traduzem em palavras e textos. Formulam textos, ideologias, fórmulas matemáticas, etc. Os humanos então, pensam que eles mesmos criaram isto ou aquilo.

É que o ser humano, antes de tudo, é uma onda, uma essência. Só que está às voltas com um corpo. Este é outro problema que enfrentaremos mais adiante. Mas, como onda (essência), o humano "escuta" as mensagens das essências (as ondas que os controlam). E considera esta experiência de "escutar", por estar atrelado ao corpo, uma inspiração pessoal, uma descoberta intelectual deste ou daquele ramo da ciência. As essências como tais, as ondas, não têm, porém, essa limitação de serem condicionadas pelo cérebro, nem pela linguagem humana, como mediação para se comunicarem de modo total.

DAS ORIGENS, OU O QUERER COMO ORIGEM

Essas ondas, ou essas essências, não são algo inerte, algo ao alcance das investigações científicas. Estão bem além dessas abordagens. Nem filosofia, nem teologia, conseguem chegar perto delas com a iniciativa de seus métodos de conhecimento.

O modo de chegar até essas ondas, ou essas essências, o modo de surpreendê-las na sua essencialidade própria, se dá somente através da percepção.

138

Antes de mais nada, as essências que inspiram ilusões em forma de teorias e religiões, por exemplo, são essências, mais conhecidas como demônios, vampiros, ou mesmo deus, deuses, anjos protetores, ícones da religião, répteis, dragões, etc.

Escolhemos o termo percepção para indicar o modo de abordagem de tudo que diz respeito a essências. Abordagem quer dizer: como chegar até elas, como saber que estão por aí. Qual a diversidade das essências, como acontece que algumas infligem uma desgraça contínua ao mundo, e outras são a leveza e a liberdade? Isto ainda precisa ser melhor esclarecido.

E percepção se afasta de qualquer conteúdo semântico que fale de razão, intuição, raciocínio, lógica, matemática, revelação, visão espiritual, experiência ritualística, êxtase, experiência do kundalini, renascimento, fé teológica ou não, e tudo que rola por esse planeta, em qualquer região.

Com o termo percepção criamos um conteúdo semântico que só o sujeito que alcance o nível da percepção saberá de seu conteúdo. Na verdade, falar de "conteúdo", ou de "semântico" é desviar-se da essencialidade própria da percepção como tal. Descrever o que seja a percepção é um malabarismo que se utiliza de termos correntes na cultura em geral, para tentar dar uma idéia do que possa ser a experiência de percepção.

Mas, da percepção não se pode dar uma idéia. Ela é intransferível em palavras ou palestras, para o conhecimento de outros. A percepção é uma experiência da essência do sujeito, é uma modalidade "cognitiva" alcançada pela onda-eu, pela essência-eu, da pessoa. A pessoa, como onda, pela percepção tem acesso ao âmbito das essências e de tudo que aí se comunica.

Mas não pode transferir essa percepção, como tal, para outros. A percepção é exclusiva de quem a aciona.

Dissemos que a percepção é uma experiência pessoal. Mas o termo experiência é outro tomado de empréstimo da cultura comum. O termo experiência envolve as estruturas do corpo, quer sejam biológicas, sensoriais ou intelectuais. Assim, a percepção não é uma experiência. E não é experiência porque não é um ato da razão, não é um acontecimento de ordem sensorial, não é uma possibilidade biológica.

Dizer que a percepção é uma experiência pessoal, também não é um acerto. "Pessoal" remete ao termo "pessoa". Mas o que é "pessoa"? E voltamos ao mundo da filosofia ou coisa do gênero. Dissemos acima, "pessoal", para indicar uma atividade perceptiva que será sempre individual. Mas, de fato, esse "pessoal" quer indicar algo mais fundo: uma percepção será sempre da essência da pessoa. A percepção só pode ser uma atividade da essência. Não é uma atividade cerebral, intelectual, sensorial, biológica.

Se a percepção é uma atividade de uma essência, ela é, por isso mesmo, intransferível. A percepção, como atividade essencial, é entrar no âmago mais íntimo do si-próprio da essência. Qualquer um outro não tem como entrar na intimidade perceptiva de outro. O que falamos aqui, sobre a percepção, é um falar sobre a exterioridade do que pode ser uma percepção, porque a atividade perceptiva é uma interioridade absoluta indescritível. É a própria essência. O Universo de si.

Dizer percepção é dizer querer. Não um querer que quer alguma coisa. Não o querer quotidiano, que põe interesse num objeto, ou num status a ser alcançado. Não se trata de um querer que ponha alguma coisa como um outro diferente, ao estilo da dialética. Mas se trata de um querer que, pela atividade de querer, escolhe a si mesmo, como o todo essencial de si, alcançando a liberdade com relação ao todo das ondas que compõem o universo atual.

O querer, então, abre-se como o todo de si próprio, como si-próprio absoluto, como liberdade absoluta.

É próprio de uma essência a percepção, assim como é próprio do cérebro a razão cognitiva. É próprio da essência o perceber, assim como é próprio do cérebro o pensar. Se o pensar produz conhecimentos, a percepção conquista expansão de si. A percepção não tem um objeto a perceber. A percepção é a essência operando sua expansão, desvendando o todo de si a si mesma. Se o conhecimento (racional) é cumulativo e instrumental, a percepção (essencial), de seu lado, é uma expansão da essência como autoconfiguração, desvelamento e intransferível. A essência não transfere sua própria essência para outros.

O querer como percepção, encontra-se a si mesmo, algo como um auto-reconhecimento, não como uma consciência da mente ou da razão pessoal, mas como o eclodir de si para a potencialidade do todo de si, já

140

sempre presente, para a potencialidade da liberdade já sempre conquistada, mas não suficientemente expandida, e cuja perspectiva é imponderável, por si mesma.

A onda, então é essência, e toda essência se move pela percepção, e, como percepção, é atividade do querer. Querer é sempre escolha em desdobramentos de escolhas.

Voltando às ondas de que falamos mais acima (ondas sinistras), as ondas que estão sempre em comunicação e que inspiram indivíduos a apresentarem quadros de um mundo futuro idilicamente venturoso, fantasioso e ilusório. Mas que, no intervalo para o apregoado novo cenário, têm que atrair seus adeptos para convulsões de matanças, vastas destruições, empunhando sempre a espada do ódio, com o que pensam que edificarão um novo poder, uma nova riqueza, uma nova raça, uma nação suprema na excelência racial e cognitiva.

Essas ondas mostram sua tipicidade, o terror que carregam em cada inspiração. O terror aparece camuflado em elaborações ditas do bem, da correção lógica, da cientificidade pura, da justiça social. Ideologias, culturas, doutrinas e religiões. E o terror camuflado sempre explode em vastas destruições de que já falamos e de que a história tem registro.

Essas ondas compõem nosso Universo atual. O Universo atual é cada vez mais uma distorção engendrada por elas. São trilhões incontáveis de ondas, e as chamamos de onda mestre, para simplificar. Seu modo de agir se mostra sempre sinistro, e tudo que temos neste Universo tem sua marca de desacerto, de violência, de deformidade, de escuridão, de terror. Os indivíduos que as "ouvem" com atenção trazem a sua marca.

Percebemos o crescimento do conhecimento científico, e, juntamente com isto, o crescimento da tecnologia de destruição, o aumento das guerras e da extensão das matanças. Em nosso caso, o planeta se tornou o palco da inquietude e de diagnósticos aterradores e das previsões desencorajadoras. As teologias e religiões se fazem mantenedoras das ilusões de paraísos compensadores, retirando as possibilidades de seus seguidores poderem perceber o teatro de guerra do dia a dia.

A ciência ou a religião, as visões místicas ou os rituais espirituais, as pesquisas de desenvolvimento tecnológico, todos fazem parte da estratégia de controle por parte dessas ondas. Mas controle de quê e para quê?

Todo o vasto mundo da matéria em nosso Universo são projeções de partículas, dessas ondas. E aqui entramos no delicado assunto das origens de nosso Universo.

Gulag não perdeu a oportunidade. Ele sempre e mostrou atraído por teorias ortodoxas e de valor supostamente definitivo. Para ele elas poderiam ter uma missão de regulamentação geral para o estado e para os indivíduos.

— Iremos tratar do Big Bang ou da criação por um criador? Afinal tudo tem um começo.

Parvólio dava sua aprovação com acenos da cabeça. Os outros apenas avaliavam com um olhar sem tanto brilho, essa manifestação dos colegas.

Essas proposições, caros estudantes, tem ocupado muitos cientistas. Mas nem todos acham que esse Universo tem um começo. Outros acham que o que está aí já é sempre assim, desde sempre se deu uma forma. E fica por aí. Todas as concepções trazem problemas que se mostram cada vez mais insolúveis e põem em dúvida a própria hipótese.

Quando o espaço-tempo foi entendido a partir de propriedades de medida, englobando em seu seio a matéria, o espaço deixava de ser apenas um receptáculo. E tudo, o Universo, passou a ser considerado um objeto da ciência por iniciativa da física relativística. Para os observadores desse espaço-tempo vale a velocidade da luz como valor a partir do qual tudo se define. Esta proposição relativística muda tudo. Agora o espaço é curvo, não mais um absoluto euclidiano. O movimento retilíneo e uniforme, perde seu status e a física de Newton é abandonada. A matéria determina a curvatura do espaço-tempo.

O modelo Standard segue a equação da Relatividade. Seus propositores fundam seu modelo na afirmação cosmológica de que o Universo é homogêneo e isotrópico. Aí o tempo será universal, onde todos os observadores vivem a mesma idade deste Universo. Como entender o "tempo" nesse universo que, por definição, já exclui tempo, por ser homogêneo e isotrópico, eternamente semelhante a si mesmo?

As soluções de Einstein procuraram desviar-se dessas inconsistências. Num determinado momento se fez ver que as equações de Einstein conduziam a considerar uma dilatação e uma contração do Universo no correr do tempo. E a constante cosmológica do modelo Standard, cuja interpretação era um tanto obscura, foi deixada de lado.

Num outro momento, Hubble fez notar que havia um decaimento para o vermelho, da luz emitida pelas galáxias. Esse decaimento da luz das galáxias dizia também que as galáxias estavam em fuga com relação a um momento anterior. Cientistas viram nisso um Universo em expansão. Então, o passado deste Universo é diferente de seu futuro. É uma proposta diferente do modelo Standard que fala de expansão relativa a uma contração. O modelo de Hubble fala de um "devir", sem contração. O passado será diferente do futuro.

O modelo Standard, como evolução cosmológica, se põe, então, como equivalente à dinâmica clássica: reversível e determinista. E há outro detalhe. Este modelo Standard vem contaminado por um elemento termodinâmico. Dada sua proposta de expansão do Universo, o aumento do raio deste Universo, irá diminuir a densidade da matéria-energia como também sua temperatura.

O esfriamento do Universo, para as proposições contemporâneas, será essencialmente reversível. O modelo Standard conserva a entropia do Universo. É a concepção qualificada como adiabática.

Se esses parâmetros forem seguidos, teremos de volta o Big Bang com a expansão adiabática do Universo. Isto quer dizer que a estrutura espaço-tempo terá uma curvatura cada vez mais forte, assim como uma temperatura, uma densidade, e uma pressão da matéria tão elevados que chegaremos a valores infinitos para a densidade, a temperatura e a curvatura.

Valores infinitos. Isto traz muitas interrogações. Quem irá explicar o infinito: a ciência ou o mito? Ou ambos aí se encontram como legítimos intérpretes? O Big Bang descrito acima pode ser abordado pela ciência? Ele é visto em termos de uma singularidade absoluta, e, neste caso, não pertence a nenhuma classe de acontecimento. Assim, alguns resolveram ver aí a "mão de Deus". Uma saída meio rocambolesca.

Uns não se conformaram com isto. E propuseram um modelo cosmológico dito *steady state Universe*. Neste modelo não há lugar privilegiado nem tempo privilegiado. Temperatura e densidade da matéria seriam iguais tanto no passado como no futuro. E o Universo não teria idade. Haveria uma expansão exponencial do Universo, ligada a uma criação permanente da matéria. Um Universo eterno, sem idade, uma flecha do tempo na relação expansão e criação, criação contínua da matéria. Aí surgem diversos problemas que espantam muitos cientistas.

O universo de Einstein não tem nem idade nem flecha do tempo, o do modelo Standard tem idade, mas não flecha do tempo, o modelo do *steady state Universe* tem flecha do tempo, mas não idade. E há outras propostas.

Estes exemplos de tentativa de explicar as origens do Universo, são originados pelas elaborações alcançadas pela física atual. Se, ...então. Uma coisa puxa outra. Mas não cria uma rede coerente. Muitos percalços, muitas dúvidas, muita conjectura e pouca satisfação com o resultado. O esforço é grande e muito sério.

Vejamos como poderia ser.

Nessa hora, o estudante de grossas sobrancelhas, faz sua intervenção.

— Não é mais fácil se conformar com a idéia de que estamos sós no Universo? Afinal, se foi a física atual que fez saltar esse conjunto de teorias sobre as origens, é melhor, então, esperar que esta física avance um pouco mais.

A física, diz o Pesquisador, ou as ciências em geral, vivem de hipóteses, e corroborações de hipóteses, mas que podem ser inteiramente substituídas. É o que faz ver o velho K. Popper ver A Lógica da Pesquisa Científica). Mas, continua o Pesquisador, se vocês quiserem visitar uma lúcida discussão dessas teorias sobre as origens do Universo, com base nos conhecimentos da ciência, vocês podem consultar entre muitas obras, a seguinte:

PRIGOGINE, Ilya e STENGERS, Isabelle.

Entre le Temps et l'éternité. Paris: Flammarion, 1992

Sim, os progressos da Física incentivam a sugerir novas possibilidades a respeito das origens do Universo. Mas, e se esta Física for uma espécie de ocupação intelectual dentro de uma redoma de matéria do Universo, sendo que esta redoma circunscreve apenas um pequeno aspecto da questão Universo? Acontece que a redoma não se instala por conta própria. Ela é delineada pelo alcance das teorias que a descrevem. O conteúdo desta redoma é o conteúdo possível posto pelas teorias científicas de todo tipo. As teorias inibem a ultrapassagem para o além das paredes dessa redoma. Os *a-priori* das teorias criaram a redoma e suas limitações. As teorias estabeleceram um teto além do que não conseguem avançar. No entanto, há que se reconhecer que as ciências trouxeram inúmeros e importantes ganhos tecnológicos. Conhecimentos e tecnologias que deram outra feição à vida na Terra. Mas que, por outro lado, mostram dificuldades imensas para sair desta Terra rumo ao espaço aberto. A redoma, é uma redoma mental racional.

A razão, colocada como princípio de conhecimento, mostra suas falhas. O raciocínio lógico, a atividade intelectual, por si mesmos, são a limitação que se formula como uma redoma, teto além da qual não é franqueada a passagem.

A atividade intelectual com suas lógicas, suas linguagens, suas construções matemáticas, não tem permitido o reconhecimento do que está além da redoma. As origens deste Universo estão além da redoma e exigem o abandono desta atividade intelectual fundada na lógica e na matemática. E não falamos de um além espacial. Nem falamos numa investigação de bilhões de anos.

5 UM UNIVERSO SEM IDADE

O além da redoma só pode ser percebido e não entendido. Mas percepção será um modo muito mais profundo e seguro do que o modo do entendimento das ciências. O que está além da redoma não se deixa ver pelas teorias das ciências e seus métodos.

Quando, acima, discorremos sobre as ondas, ou essências, frisamos que elas falam de onda para onda, numa comunicação sem mediações, e permanecem invisíveis aos humanos, mesmo que estes também, como essência, sejam uma onda (excluída a questão do corpo, naturalmente), e sigam suas diretrizes.

As características próprias das ondas excluem propriedades de tempo e de espaço, matéria e gravidade. Elas não são detectáveis pela abordagem dita científica. O aparato cerebral, o pensar com seus recursos de linguagem, de lógicas, e tudo mais, não é um equipamento que localize uma onda das que falamos. E elas têm tudo a ver com as origens do Universo e suas características.

Além disso, cada onda emite suas escolhas continuamente. Elas se constituem como uma vontade, um querer em atividade sem cessar. Mas este querer, essa vontade que emite continuamente seus projetos em forma de escolhas, é a essencialidade dessas ondas, e não algo acessório. O querer das essências é como o respirar para o corpo. Se cessar, morre.

Para além da redoma desenhada pela multiplicidade dos sensores humanos e de suas teorias científicas, o "mundo" é outro. É um "mundo" que, se desvendado, irá mostrar a falácia das proposições de conhecimento, por mais rigorosos que se apresentem.

NO PRINCÍPIO...

No princípio, o querer atualiza sua escolha fundamental e se faz essência. E a essência eclode em incontáveis dis-ferenciações de si própria.

No princípio... não há princípio. Não há início para um querer essencial. Não há tempo para uma essência. Há só o querer.

A essência original, se mostra um código matriz essencial. Trata-se da essência matriz. Suas dis-ferenciações são os incontáveis códigos que expressam e desdobram o código matriz. E estas dis-ferenciações, por sua vez, também se dis-ferenciam de si próprias, mostrando os códigos que explicitam o "conteúdo" de si, e, ao mesmo tempo, da essência matriz. Estas dis-ferenciações de dis-ferenciações, não cessam.

As dis-ferenciações desdobram o ato de querer da essência e apontam para o desvendar do todo da essência, que se expande pela atividade do querer, sem cessar. O todo, no entanto, não é algo que se possa definir ou dele estabelecer limites. Não há espacialidade para uma essência. O todo é o querer, sem cessar, em incontáveis dis-ferenciações.

O querer, como atividade essencial, não é objeto de um pensar, e, portanto, não pode ser situado numa temporalidade ou numa espacialidade.

O querer é dis-ferenciação como atividade incessante. Esta atividade incessante de dis-ferenciações é o querer se explicitando em outras essências dis-ferenciadas da essência matriz e das essências dis-ferenciadas da essência matriz. Podemos usar a imagem didática e dizer que é uma sequência de dis-ferenciações em cadeia, sem hora para acabar. Claro, não existe "hora", nem "sequência" com relação ao querer. Não há tempo nem espaço.

O querer é escolha sem cessar, e se mostra como incontáveis dis-ferenciações essenciais da essência matriz. As dis-ferenciações, em "sequência", são essências que se mostram como códigos derivados explicitadores da essência matriz. Mostram o todo da essência matriz. Os códigos "derivados" não indicam uma multiplicidade de essências. A essência matriz é o querer que se mostra como incontáveis códigos que se mostram por dis-ferenciarem-se. A multiplicidade supõe uma espacialidade e na essência não há espacialidade.

Nota: o uso das palavras correntes da língua, dificulta a expressão, mas não há outro jeito. A transferência de uma percepção (a percepção do querer da essência) para uma linguagem humana, sempre traz um conflito, um empobrecimento, uma defasagem muito grande. Mas é o caminho da comunicação ao alcance dos sentidos. Por sinal, já dissemos anteriormente, o texto que aqui se escreve, não representa a percepção que se tem. O texto é, na verdade, uma barreira para a percepção que nos leva ao âmago da essência, e ultrapassar o texto é acessar a própria percepção que dispensará o texto. O texto está dentro de qualificações de tempo e espaço, e não se pode comunicar com este recurso aquilo (no caso, o querer essencial) que não se recobre de tempo e espaço.

Retomando nossa dissertação. Os códigos são essências-códigos, são mesmo ondas-código, da essência matriz, código matricial.

O QUERER E OS UNIVERSOS SEM FIM

A essência, como querer, é escolha, decisão por si mesma como o todo e não por outros. A escolha pode ter outra formulação, distanciando-se desta apresentada. No entanto, a escolha originária da essência matriz, explicita trilhões incontáveis de essências dis-ferenciadas, numa "sequência" de escolhas "em cadeia". Essa sequência de trilhões incontáveis de essências-códigos, são explicitações da escolha da essência matriz. O ato de escolher, o ato de querer, é uma atividade da essência. E dissemos que a essência pode ser dita uma onda, porque o ato de escolher é uma explosão que gera as incontáveis ondas como dis-ferenciações da onda matriz. "Explosão" vem aqui num sentido figurado. As dis-ferenciações são como explosões, são o oscilar da onda matriz, no ritmo de suas escolhas nas sequências das dis-ferenciações. Neste sentido, as ondas se mostram em contínua frequência, em contínua vibração.

As dis-ferenciações mostram as escolhas das essências-códigos, e estas escolhas são o próprio querer da essência matriz. Mas os trilhões incontáveis dessas escolhas não se mostram uma identidade de escolhas "clones". São dis-ferenciações da essência matriz. Portanto, representam um leque incomensurável de dis-ferências. As dis-ferências não dividem a essência matriz, mas revelam que a escolha matriz não é um ato de querer definitivo, acabado em si mesmo. Mas sim que o ato de querer, é a essência no seu movimento de conquistar o todo de si mesma, por si mesma.

Um modo de falar (precário) é dizer que "nem tudo é claridade, existem pontos de sombras". O incomensurável leque de escolhas que explicitam as dis-ferenciações da essência matriz, tem as nuanças de profundidade e de equívocos. A conquista do todo da essência matriz passa pelas escolhas de si mesma, por si mesma, que são feitas em termos de escolhas das dis-ferenciações dela mesma, onda matriz. E isto se dá porque cada onda, nos trilhões incontáveis de dis-ferenciações são um código original da essência matriz, o código matricial. Os códigos, ou essências códigos, ou ondas-códigos, fazem suas escolhas, na diversidade própria da diversidade dos códigos e suas opções.

Isto quer dizer que a essência-matriz apresentará uma diversidade incomensurável de escolhas, de muitos matizes. O registro de a onda-matriz, ou seja, a essência-matriz, apresentar essa imensa diversidade de escolhas de muitos matizes se deve ao fato de que essa essência não atingiu ainda de modo definitivo seu todo. Ela está no âmbito da atividade de conquista do seu próprio todo. A conquista é uma expansão não comensurável. Por isto os matizes dos trilhões incontáveis de escolhas irão apresentar o "lado da claridade em muitos tons, e o lado da não-claridade em muitos tons". Esta última expressão posta entre aspas é apenas um recurso para exprimir a diversidade de matizes das escolhas, porque não há claridade nem escuridão no âmbito das ondas, as essências.

Mas as escolhas da essência em direção da conquista de seu todo são a amplificação cada vez maior de sua liberdade. "Liberdade" substitui "claridade". As escolhas que divergem dessa busca de liberdade são escolhas da negação da liberdade. E a negação dessa liberdade é a "não-claridade" que mencionamos acima. A própria escuridão, em termos culturais tradicionais.

O que acontece é a escolha: uma escolha de liberdade de si rumo a uma expansão incomensurável do todo de si (da essência), ou uma escolha que renuncia a esta liberdade e se entrega a um projeto que nega essa liberdade, e se aliena à negação de si mesma. A escolha retrata o teor do querer da essência. Essência é querer. Livre ou alienado.

Falar da escolha de uma essência é falar de um Universo. Trilhões incontáveis de escolhas são trilhões incontáveis de Universos. (Dizemos "trilhões" para salientar um número colossal, não numerável nem pronunciável.)

Este é o ponto. O todo da essência é um Universo incomensurável. Se o todo for o todo da liberdade, o Universo será o da expansão. Se for o todo da negação, será um Universo da atrofia, do decaimento, no rumo do caos.

O atual Universo representa um Universo em decaimento. A essência que gerou seu "todo", este Universo, gerou um Universo "escuro", onde tudo se complica, decai, se faz insegurança e perplexidade. As essências que geraram, por sua escolha, Universos "escuros", escolheram a negação de sua liberdade. O resultado é o Universo atual, mais conhecido pelos acontecimentos da Terra dos humanos.

A negação da liberdade se mostra nos projetos humanos de poder, de guerra, de dominação sobre outros povos. Se mostra no arquivo imenso de ideologias que escravizam os humanos e os submetem a projetos de auto anulação e auto sacrifício aos monitores e mentores dos projetos saídos das ideologias. Já mostramos mais acima, quatro variantes desses projetos ideológicos, que têm embutidas outras numerosas variantes. As essências que geraram este Universo, são essências "escuras", e isto designa em termos culturais, "seres malignos", seres que induzem os humanos ao sacrifício de si mesmos, ou de multidões, carregando o fardo das religiões e suas guerras, ou das guerras sem fim provocadas por ideologias alternativas.

Os incontáveis Universos gerados por escolhas de essências que afirmaram sua liberdade, o todo de si, a partir de si, esses Universos têm sua "forma" própria, sua própria "construção", e só são "visíveis" através da percepção de que falamos acima.

A percepção é o modo de acesso a esses Universos. O querer é percepção. A escolha da liberdade, do todo de si, é ato perceptivo. Perceber é perceber seu próprio Universo.

E, para os humanos reclusos no atual Universo, como perceber seu drama?

Dissemos que as essências fazem suas escolhas. Continuamente. Uma escolha se abre em incontáveis outras essências, essências-códigos, ondas-códigos, mostrando o conteúdo de si mesmas como códigos inumeráveis. As escolhas ditas de negação da liberdade, "escuras", são feitas como acordos entre essências-códigos, ou ondas-códigos. Uma onda-código se alia a outra que considera superior e estabelece um acordo. Busca poder supremo, ouro e muita riqueza, domínios vastos, saber dominador, etc. Essa onda que se submeteu a outra onda, essa essência que se submeteu a outra essência e lhe pediu favores, trocou sua liberdade por "coisas" que a tornam serva da essência mais poderosa. É um jogo de mafiosos.

Como se descobre isso? Pela percepção. Não existe ciência que mostre este acontecimento entre ondas no Universo.

Essa onda-código que pede favores em troca de submissão, precisa se fazer parte do Universo da onda com que fez acordo. E, neste Universo atual, a onda-código submissa entra como um dos indivíduos que buscam, no âmbito das condições deste Universo, o seu objetivo de poder, riqueza, etc. Entra num determinado planeta, numa determinada civilização, numa determinada raça, família, sociedade, etc., para que o seu poder se realize aí, tal como pediu em comum acordo com a onda superior. O resultado nesse outro planeta, ou nesta Terra será sempre o que já conhecemos: poder e ouro se disputam com armas e guerras. E isso exige domínio de tecnologias, domínio de conhecimentos, etc. Quem mora neste planeta já sabe disso tudo. E por outro lado, hospitais sem conta, medicamentos, hospícios, prisões, legislações para administrar o mal, doenças, aleijumes, máfias, quadrilhas, e toda espécie de distorção social.

Ainda não falamos de como surge a matéria, os planetas, as galáxias, o corpo humano e dos animais, etc. Logo abordaremos este "segredo".

Um ser humano estará sempre em contato com sua onda-mestre, com quem fez acordo para alcançar algum objetivo como poder, riquezas, domínio, destaque, etc. Esse contato é contínuo e incessante. Ondas se comunicam como ondas, e não como humanos entre si, ou animais entre si. Estes se utilizam de linguagens, de sinais sonoros, de sistemas de codificação e decodificação, de tecnologias diversas.

Mas as ondas não precisam disso.   Onda está imediatamente presente a outra onda. O conteúdo, as intenções, de uma onda, estão diretamente disponíveis para outra onda. É questão de aceitar ou não a comunicação.

O ser humano é um composto. Corpo e onda. Corpo e essência. O corpo tem uma vasta história ligada à formação da matéria e a uma particular gênese do DNA. Aquilo que constitui um destino pessoal, está ligado ao aspecto onda. Uma onda é sem início e sem fim. O destino, como já falamos, é o conteúdo das escolhas que a pessoa faz, como onda. O cérebro, ou a consciência racional, não decide nada. Apenas comunica, como interface, o que "ouviu" da onda-mestre como imposição.

Uma pessoa (o corpo e a essência) está, como onda, imersa na onda de sua onda-mestre, e a onda-mestre é uma imensidão de ondas-códigos, expostas por suas escolhas, num processo de dis-ferenciação. A dis-ferenciação expõe o conteúdo da escolha na forma de códigos (em nossa linguagem). Assim, uma onda-código cativa (porque fez acordo), está continuamente sendo monitorada e conduzida em suas decisões, preferências, rumos profissionais, etc. mas também a onda-código cativa fez e faz suas escolhas e se abre em incontáveis ondas-códigos como dis-ferenciações   (eus, digamos do eu gerador da escolha) que acompanham essa onda na busca de conquistar os pedidos acertados no, ou nos acordos com a onda-mestre.

As ondas-códigos cativas são normalmente todos os humanóides, conhecidos e desconhecidos que se encontram neste Universo. As pessoas, esses humanóides, são afeiçoados à sua onda-mestre e, então, seguem o roteiro que ela propõe, ou o recusam e percebem que "alguma coisa está errada". As pessoas que seguem dedicadas a esta onda-mestre se mostram com características de arrogância, maldade explícita, ansiosas do poder, ou mesmo de sereno comportamento ligado às ideologias de que demos exemplo analisando os quatro autores que deram ouvidos a suas ondas-mestres. Mas há muitas outras manifestações que horrorizam a todos que pensam que "alguma coisa está errada". Dizer ou levantar a hipótese de que "alguma coisa está errada", é procurar saber o que prende o humanóide neste tipo de prisão planetária. É também prestar atenção numa fresta na porta dentro da prisão. É ter a curiosidade de saber o que existe lá fora desta prisão escura. A fresta é uma sugestão de libertação com relação ao que prende no acordo com a onda-mestre.

Fizemos essa digressão sobre o humanóide para dar um pouco de chão a nossas colocações. Voltemos ao nosso assunto, o Universo.

O Universo como tal é onda. Onda-código. Um código que define a tipicidade deste Universo. Outros Universos terão sua onda-código e sua tipicidade. E cada onda é um manancial de escolhas. Esse manancial se realiza como dis-ferenciação. Escolhas que geram um processo de dis-ferenciação mostram-se como vibração, "frequência de onda" (para usar uma analogia). Ondas são atividade incessante.

A essência matriz ao fazer sua escolha matricial, gerou incontáveis universos. Universos são ondas. Estas ondas, por sua vez, fizeram escolhas. E geraram outros incontáveis Universos. Universos são ondas. A dis-ferenciação é um processo incessante. Lembremos ainda, as ondas não ocupam espaço. Por mais numerosas que sejam. Elas são um querer, uma vontade de um certo tipo.

O querer de uma onda não se compara a um desejo que as pessoas têm no quotidiano.

Trata-se de um querer essencial, que decide, por isto, da constituição intrínseca da onda. O querer é onda em atividade e este querer é como a onda se faz a si mesma. Se faz como expansão de liberdade ou decaimento. Dizendo popularmente, tudo o que a onda faz é ser ela mesma de acordo com o tipo de escolha. A onda não faz uma coisa lá, separada de si. Fazer-se é sua atividade. Ela é em si um fazer-se.

Um Universo é uma onda se fazendo. As dis-ferenciações de uma onda, gerando trilhões incontáveis de ondas, dizem que a onda-código ao fazer uma escolha "põe na mesa", explicita, todos os códigos que "traduzem" o código do "momento" da escolha. Mas todos os códigos dessa dis-ferenciação são o mesmo código "anterior". Os códigos são ondas-códigos que explicitam a matriz. E não ocupam espaço. O querer da onda-código que gerou essa imensidão de ondas-códigos se manifesta de modo "bem explícito" nessas ondas-códigos. Como se trata de um querer, e não de coisas pulverizadas em códigos, o querer é uno e não gera uma espacialidade e nem multiplicidade

A ESCOLHA E A MANIPULAÇÃO DAS REVELAÇÕES

O Universo em que vivemos é, já dissemos, um Universo de escolha "escura". Esta informação só se colhe com a percepção. A razão pode aventar a hipótese de que este Universo seja o próprio inferno, ao repassar e conviver com tudo que é dramático e repulsivo na natureza humana e nos acontecimentos sísmicos. E onde chega a razão? Como é uma razão que se fez arquivo das religiões, essa razão vai dizer que um deus está por trás disso tudo e que tudo é de sua vontade para acordar e sensibilizar os humanos a fim de que se voltem para si (esse deus), como esperança de salvação e conforto. Essa apelação da razão aos resíduos das religiões e a um aforisma, criado ingenuamente, que diz que o homem precisa sempre levantar os olhos para o céu, é o principal inibidor para esse homem descobrir que tem a possibilidade de acionar a própria percepção sem recorrer a deuses e "espíritos" do além.

Por sinal esse "além" é a própria onda-mestre que se esconde atrás de ideologias, mitos, argumentos racionais, soprados às ondas-homens. Essa inspiração vinda do "além" manipula, esconde a verdade, intimida o homem ingênuo. É tudo manifestação da onda-mestre e sua escura escolha. Essa inspiração vinda do além é um ardil da onda-mestre. Ela precisa manter os humanos dentro da redoma de que falamos acima: pacotes culturais que criam um circo de encantamentos. E não há um além, porque o Universo é a onda-mestre. E não há espíritos aparecendo, porque a onda ou as ondas, não são visíveis. O que há é que os humanos criam, ou recebem, representações dessas ondas que os intimidam. Esses "espíritos", representações das ondas, "aparecem" nos sonhos, em visões ditas sobrenaturais, e até em espelhos caseiros. E isto tudo intimida o humano, assusta-o, e leva-o a acreditar ser depositário de uma missão. Esta baboseira tem um enredo demais conhecido em todas as tradições dos povos.

Sim. Não há um além, porque o Universo é a onda onde todos têm sua epifania. Não há um lá e um cá. Não há um céu paraíso e uma Terra de provações. Essas separações são manipulação da onda-mestre. Ela quer manter um mistério, e o mistério é um modo de controlar. O lá e o cá criam deuses e demônios. Diz a catequese: o deus está no céu e em todo lugar. Ora, o universo é onda e não há um "céu" e nem um "todo lugar". A onda não tem a característica de espacialidade.

Se os humanos foram levados a crer num mundo da matéria, e, em vista disso, teceram teologias para desenhar um céu no além, e teceram teorias para ter um domínio cognitivo do aquém, os seres humanos, como um todo, vivem da crença de que há um destino no além, decidido por "seres" do além. E está criada a redoma imaginária feita de pacotes culturais. A redoma impede o acesso por via da percepção que dispensa teologias e teorias da ciência.

Então, há a manipulação da onda-mestre para cima dos humanos. Lembrar que os humanos, como identidade íntima, são ondas-códigos, e que o corpo é o caso de uma matéria como escafandro. Depois trataremos disto.

A manipulação cria todos os pacotes culturais em todo o orbe. É um festival de disputas para ver quem tem a verdade. Não se discute que isso seja uma manipulação, mas sim que possa ser a revelação de alguma verdade. Só a percepção, como acesso a esse âmbito das ondas, é que pode acordar o humano e fazê-lo descobrir o de que se trata mesmo.

Vejamos o caso de H.G. Wells. Em seus escritos ditos de ficção científica, ele, ainda no século XIX, descreveu bombas nucleares, o laser, engenharia genética, a possibilidade de criar invisibilidade, viagem no tempo. Jules Verne, falou com muita antecedência de submarinos, helicópteros, viagem à Lua. Asimov se adiantou ao apresentar em seus escritos a automação dos alimentos, alimentos congelados, robôs, energia solar, vídeo-conferência por satélite. A. Clarke entusiasmou o público com a comunicação instantânea, pela internet. Nostradamus empolgou todos os candidatos a magos, bruxos e videntes, com suas centúrias sobre os séculos que viriam após o 1500. Anunciou calamidades políticas, nascimentos e mortes, alianças prejudiciais, ascensão de políticos detestáveis, mentiras e cataclismas de todo tipo. São inumeráveis os autores a respeito de "futuros". Podemos lembrar Edgar Cayce também. Cada país poderia fazer uma lista respeitável desses videntes. Eles atraem multidões para fazerem consultas a respeito de sua vida pessoal, negócios, amores, futuro político e tudo mais.

E o que é essa vidência que antecede futuros? Dissemos que a pessoa, o humano, é uma onda-código que fez aliança com a onda-mestre. Assim, o indivíduo humano tem seu lado onda. A essencialidade do humano é o seu lado onda, e o corpo o extravio existencial. Como onda, esse indivíduo está imerso na onda-mestre. Todas as ondas estão em comunicação contínua consigo mesmas. Mas a onda-mestre mantém seu controle sobre os humanos. Afinal o indivíduo humano é-o, como tal, por ter feito um acordo com a onda-mestre, com o que se tornou seu vassalo. Perdeu a capacidade se ser uma liberdade em expansão. Entregou sua liberdade a outro. Esta é essência da religião, e dos adeptos de ideologias diversas: entregar a sua liberdade a um outro.

Todos os indivíduos estão continuamente recebendo a comunicação da onda-mestre. Mas não têm consciência disso. Na verdade, quem "pensa" no indivíduo é a onda-mestre. Alguns reportam algo como "senti que alguma coisa me dizia isso e isso, e então, tomei uma decisão". Outros têm a experiência dita do *déjà vu*.

Em suma, a experiência de se anteceder ao "futuro" e fazer previsões está assentada no fato de a onda-código (o indivíduo humano) estar imerso na onda-mestre, a controladora de tudo. Quando um desses videntes famosos escreve a respeito de acontecimentos futuros, ou de tecnologias futuras (espantosas para sua época), ou a respeito da vida pessoal de outros indivíduos, esse indivíduo escritor está reportando o que sua onda-mestre lhe passou em comunicação normal.

Toda onda, por ser onda, está fora do conceito ou característica do tempo. A onda está na visão do todo de si, e no todo de si estão todos os projetos. O todo de si tem presente aquilo que os humanos chamam de "passado" ou de "futuro". O todo tem tudo no instante. Passado e futuro é projeção da onda mestre.

Acontece que o indivíduo que é visto como vidente, recebeu dessa onda-mestre, que tem tudo presente, um conjunto de informações. E essas informações para o escritor que se considera vidente ou não, são curiosas e podem se tornar um belo romance de ficção. E, de fato, no mais das vezes, esses romances fazem épocas. Se tornam célebres. Atiçam a curiosidade sobre os videntes, e sobre o que eles dizem. A população de curiosos acha que aí há um portal, ou que o vidente escritor é um gênio, uma exceção na humanidade. O mesmo se diga dos profetas, dos que dizem que receberam uma revelação de um deus, ou de um "espírito" iluminado ou não, dos que vão no terreiro de Umbanda para serem incorporados por um orixá. É tudo a mesma coisa. Em maior ou menor grau estão recebendo comunicação da onda-mestre.

Mas onda-mestre tem o controle do conteúdo do que foi dito. Para uns a informação será mais precisa e retumbante, para outros será mais obscurecida, ou mesmo enigmática. A onda-mestre quer ter a atenção dos humanóides do seu galinheiro. Quer que os humanóides acreditem mesmo que há um ser capaz de controlar a história do mundo ou de dirigir os destinos humanos. Vocês lembram os textos que examinamos lá atrás? Os textos de Moisés, Hegel, Young ou Marx? É o mesmo caso. A onda-mestre sopra a inspiração para a onda-código (indivíduo humano), o texto, o conteúdo para obter a atenção dos humanóides, embevecidos pelo conteúdo suposto fantástico. E aí aparecem Javé (uma onda escura), o diabo de Marx (uma onda escura), o Espírito Absoluto (como pseudônimo de uma onda escura), a luz inefável divinizada (outra onda escura se fazendo passar por iluminada). Essas obras se tornam *best sellers*. A onda-mestre tem o controle. Os humanóides de seu galinheiro correm atrás disso porque se sentem escolhidos para participarem de um acontecimento que lhes dará a realização de tudo que pediram no contrato com ela, a onda-mestre.

Tudo que os humanos fazem é para conseguir realizar seus pedidos de grandeza, de poder, de riqueza, de fama, etc. Tendo a onda-mestre por trás. Essa busca os torna submissos à onda-mestre.

Essa submissão se manifesta como devoção, como prática ritual de diversos tipos, como entrega de si à onda que se fez conhecer como um deus, um mago, um demônio, um bruxo, um espírito iluminado, um orixá. Mas é sempre a mesma onda. A exigência dessa onda será sempre uma devoção do fiel para com ela. Uma devoção que terminará em sacrifícios humanos, tipo o que Javé prodigalizou no Egito com o sacrifício de crianças e animais, e os que outros deuses de diversos continentes exigiriam. Sacrifícios humanos e de animais. Até um Jesus teve que ser sacrificado ao Javé para reconquistar lhe o bom humor (narrativa construída por Paulo, o de Tarso). Essas ondas querem um sacrifício sempre. O recado é claro, vocês me pertencem, a vida de vocês me pertence. Até na bíblia isso vem escrito.

O humanóide além de robô, é também repasto dos deuses. Esse entregar-se ao serviço dessa onda, é um entregar-se "de corpo e alma" ao serviço de ideologias, não só religiosas, mas as do tipo socialista, comunista, terrorista, que conseguiram sacrificar centenas de milhões em vista da dedicação dos fiéis servidores da onda. Essa entrega se torna agitada, agressiva, mortífera e os indivíduos, possessos pela ideologia desse socialismo, se atiram em atividades terroristas, destrutivas, de provocação de mortes contra a população. É típico dos *Antifas*, dos esquerdistas, dos guerrilheiros e terroristas que compõem seus quadros, dos MST, dos *Sleepy Giants*, dos *Cheking Facts*, dos *Black Blocs*, dos *Green Peace*, todos estimuladores de ódios e mentiras. Qualquer que seja a versão desses sacrifícios, o que fica claro é que o humanóide perdeu sua liberdade na conversa com essas ondas. Ele ficou sem capacidade de escolhas, A escolha vem pronta por definição da onda. Quem se deixa cativar por essa onda, perde a liberdade e terá que fazer um esforço muito grande para se safar dessa ilusão oferecida pelas ondas. Os seguidores sempre se manifestarão com sordidez, falsidade, mentiras, atividades destrutivas, dilapidação do patrimônio público, roubos, organizações criminosas de políticos, nos três poderes (com exceção do atual executivo, 2021), de narcotraficantes, etc.

A onda escura deste Universo se manifesta, com tudo que ela é, nesses indivíduos.

Qual povo não tem uma religião ou uma ideologia? Essas ideologias e religiões querem que sua "verdade" seja o critério para todos e todos os povos (um só rebanho e um só pastor, ou o globalismo clonando o *Meine Kampf*, um mundo sem nações, a paz romana, o novo caminho da seda). A onda quer o totalitarismo e a supremacia. E quem adota sua inspiração lutará pela supremacia, destruirá outros povos, se armará para a guerra, direcionará os conhecimentos para a fabricação de armas.

E vejam. Os cristianismos, abrangendo quase a metade do planeta, se junta hoje com a outra quase metade dita socialista comunista. E os dois percebem que dizem a mesma coisa com as mesmas artimanhas.

O cristianismo descobre que o socialismo lhe dá a palavra que já perdeu faz tempo. Stalin bate palmas. O papa corre para prestigiar o maior ladrão político do executivo criado na sacristia da igreja dos frades no Rio de Janeiro. O que transformou o país numa agremiação de numerosas células criminosas, cuja finalidade principal era extorquir os cofres públicos, fazendo o povo acreditar que trabalhava para uma maior justiça social.

Stalin estende as mãos para Hitler e Mao, e seguem dançando uma animada mazurka. O papa Júlio II vem correndo seguido do papa Alexandre VI, o pirata do Espírito Santo. Estes dois se juntam aos outros e dançam a quadrilha. Lucrécia Bórgia nua, como gostava de se apresentar nessas reuniões, assiste embevecida. O papa Francisco dá uns passos imitando flamenco com castanholas. Bem desajeitado. Homenageia o Bórgia espanhol Alexandre VI. Uma reunião que sempre existiu e que o povão nunca percebeu. Os arautos da onda-mestre, a escura, opera por eles toda sua sordidez.

O STF corre para dentro desse salão. São aplaudidos pela corte dos cadaverinos que dançam. Vão passando por cima de caveiras por todos eles amealhadas. Por sinal essas caveiras tinham as marcas de todos eles. Exalavam um fedor de carniça humana tão forte que os urubus que sobrevoavam o local iam morrendo nos ares sufocados. Logo chegam os chefes maiores do tráfico de drogas da estirpe do PCC, do CV e outros. Passam por todos, aplaudidos e ovacionados pela Suprema Corte (um tipo de interface da arte do tráfico), e se colocam no meio da roda dos dançantes. Atiram cédulas de dinheiro como confetes. De repente, vem ao fundo, chegando, São Domingos de Gusmão, o inventor da máquina da morte - a Inquisição - com inquéritos e incineração de pessoas -, e provoca como nos grandes filmes, um efeito especial, fazendo subir línguas de fogo dos milhões de caveiras que serviam de piso no chão. Hitler aproveita e manda um aceno cheio de amor e simpatia para Alexandre de Moraes, o ministro *fake-news* do STF. São Domingos, o sanguinário, põe a mão na testa de Alexandre e Gilmar. Almas gêmeas. Um cheiro de hipocrisia inunda o ar. Já Gilmar Mendes e Toffoli, do STF, recebem um olhar de eterna admiração do papa

Alexandre VI, truculento, grosseiro, corrupto, violento, mau caráter, falsário, sodomista e que embolsava muito dinheiro para si, de tudo que fazia em favor de sua santa igreja, incluindo-se o dinheiro dos prostíbulos de luxo que criou e que administrava. Um dos chefes do tráfico vem e oferece a mão com um grosso anel de ouro. Edson Fachin, feito ministro da Justiça ,beija-o efusivo e submisso. Lewandowski, o podre, outro incompetente feito ministro da Justiça, com seu cheiro de gasolina de avião, se sente esquecido.

De repente, rufam os tambores, e vai entrando, carregado num andor, o próprio mestre de todos, o KaMá, K. Marx. O andor recebe os ombros de Papa Francisco, de Alexandre VI, de Bento IX (zoófilo e satanista como Marx), Clemente VI, Xisto III, Leão X (todos estes ligados a sodomias, criação de prostíbulos e coisinhas mais). A esquerda é sinônimo de trapaças, excitação de ódios em tudo, venda de sentenças, recusa de presidentes rigorosos com a lei. Medalhões das esquerdas, em procissão, atiram dentes e olhos das vítimas, moedas roubadas, no lugar de pétalas, para a passagem do seu grande líder.

A grande imprensa, o Facebook, UOL CNN, e outros impregnados da escuridão do KaMá, como o panfletismo fanático de coisas como Sistema Globo de TV, Estadão, Veja, não cabem em si de contentamento. Todos, vassalos do mesmo diabo que ditou os textos da morte a Marx. No trono de KaMá, brilham em ouro os nomes gravados de Soros (o falsário), Swabe (o carniceiro), Gates (o chip da morte), Zuckenberg, e demais répteis.

Bonecos cegos, robôs encaminhados pela onda-mestre, a sinistra. Fantoches que operam nos termos inspirados pela imensa sordidez da onda-mestre escuridão. O ouro das corporações e investidores maiores os fazem solidários e afinados entre si.

Não esquecer, onda é um querer, carrega seu projeto que demonstra este querer. O projeto é a própria forma do querer. E onda não se prende ao tempo. Tudo é sempre já agora. O encontro desse grupo sinistro, sempre aconteceu e acontece incessantemente. Reverberam em texto humano a fala da escuridão, que fala sem parar, em todos os tempos e lugares.

Os que comandam, ou os que se destacam na sociedade, em geral, ouvem continuamente a onda mestre que busca a supremacia. Os planos sinistros desses indivíduos são as marcas de sua submissão ao projeto da onda mestre, a escura. Quando aparece um líder ou uma voz que discorda dessa conduta, todos se põem a boicotar ou perseguir essa nova voz. Isso é muito claro na sociedade brasileira. Um presidente eleito que se tornou o empecilho para o crime organizado, por sinal atuante em todas as instâncias da sociedade, foi implacavelmente agredido e por todos aqueles que estavam abraçados aos planos da onda mestre a escura.

6 O NADA, O TODO, O SI-MESMO

A redoma de que falamos acima, foi criada como algo básico e inescapável a todos os povos. Foi criada a partir do sensóreo do corpo, os sentidos, assim como a partir do pensar do indivíduo humano. Com o recurso do sensóreo (sentidos) e do pensar (a razão), o humano foi criando inúmeras explicações a respeito do grande cenário de tudo que o cerca. Suas teorias e mitologias traçam seu perfil cultural, em geral, por todos os séculos afora.

A redoma humana criada como o seu enxergar é sempre manipulada e invadida pela contínua fala da onda-mestre. A onda-mestre monitora tudo o que faz a onda-código (o indivíduo humano), mas também o leva para situações de impasse, ou de descobertas consideradas prodigiosas. E tudo isso apenas para confirmar que o cenário ao alcance dos olhos é tudo o que o humano tem como Universo. Ou melhor, o Universo total é o que o humano presume ser o que ele vê, o que ele investiga com os recursos de que dispõe, os sentidos, o pensar racional.

No entanto, estes sentidos e esse pensar racional são os inibidores da verdadeira pesquisa em torno do Universo. Os sentidos e o pensar racional o mantêm ocupado com o que lhe aparece dentro da redoma. E a redoma vai sendo trabalhada por esses recursos humanos, e se fixando como a totalidade única possível. O conjunto de conquistas daí derivado analisa e cataloga muitos milhões de informações colhidas de todos os quadrantes do mundo. E tudo aquilo que não cabe nas teorias que procuram explicar a redoma, ou que as contradizem, será rechaçado. A insegurança de se desvencilhar dessas teorias, indica o quanto elas têm de dogmáticas como base de trabalho. Poderíamos citar os que abraçam a teoria da evolução. Uma teoria, junto com suas vertentes, cheia de contradições e passos em falso. Até parece uma seita. Por sinal, as teorias ditas científicas se parecem muito com seitas. Copiam muito das teologias. Tanto as teorias científicas, quanto as teologias, se cercam de princípios, axiomas, verdades estabelecidas por autoridade, etc. E se aprisionam nessa jaula de conceitos. Quem tentar sair será escorraçado.

Quem sabe, será queimado numa estaca em praça pública. Embora sem pretenderem sair da redoma, não só Giordano Bruno foi queimado em público pelo bondoso papa, como também Pasteur quase teve uma guilhotina científica a remover sua cabeça. No passado isso deu certo. E todos os europeus resolveram se batizar por precaução. A ortodoxia queima e mata. Apaga a possibilidade de pesquisas muito além da redoma. A redoma de conceitos é de onde ninguém tem permissão para sair.

NADA ESTÁ ALÉM DA RAZÃO

Saindo da redoma e indo em direção às origens do Universo. Abandonando as teorias, as ideologias religiosas ou filosóficas, os mitos e as magias, os rituais de contato mágico com as ondas ditas deus, demônio, santo, iluminados, orixás, abandonando a prisão conceitual que cria a redoma com seu céu e sua terra, com seus paraísos, suas fogueiras, com seus socialismos sempre mentirosos e terroristas, com sua cronologia de guerras sem fim, com sua cultura de armamentos e produção de inimigos, e toda a lista interminável que compõe a alucinação doentia que é essa redoma.

Só sairá da redoma quem for capaz de percepção. E a percepção é o modo da atividade da onda-código, que é a designação que escolhemos para a pessoa enquanto considerada na sua parte onda. O corpo já é outra coisa.

A percepção é a percepção do Nada. Essencialmente isso. O Nada é a escolha fundamental. Dizendo em linguagem popular, o Nada, como código matriz, pela escolha, eclode em turbilhões incontáveis de ondas. Ondas-códigos. Esses incontáveis turbilhões de códigos são, em si mesmo, Universos. A escolha acontece como um processo de dis-ferenciação.

Escolha significa atividade do querer. Uma onda matriz é um querer matricial. E todo Universo daí dis-ferenciado é o querer matricial. Não é uma matéria de um Universo e inerte jogada aí há quinze bilhões de anos. Essa matéria inerte que aí se vê é o próprio equívoco.

O Nada, turbilhões de incontáveis Universos, é um querer que, como querer, busca conquistar seu todo. Uma conquista que diz que é, de si, interminável. O todo não é uma mônada. Não é uma esfera imensa. O todo não tem um esboço, não tem uma linha demarcatória que o definiria em definitivo. O todo é como o querer se expande sem cessar.

O Nada, é o âmbito do querer, e o querer se mostra em contínua atividade. O motivo é que o todo não foi conquistado em definitivo. O todo é sempre uma expansão do querer. E a expansão do querer, querer como expansão da liberdade, é a expansão dos Universos incontáveis.

Estudar o Universo, é estudar o querer. Mas o querer não é objeto de estudo racional. O querer é percepção, e a percepção é a percepção do "eu", da onda-código-eu, como o Universo que se estuda. Estudar é o termo que escolhemos da cultura da redoma, mas não se trata de um estudo. Trata-se, na verdade, da depuração do querer, da depuração da própria escolha, na atividade de conquista do todo de si próprio.

Se houve uma escolha da onda-matriz, sua escolha, já o dissemos, não se fez o todo em definitivo. Se o todo ainda precisa de atividade do querer, isto significa que a escolha matriz contém a nebulosa escuridão ainda não devassada. Desta escuridão nascem os Universos da escuridão, como resultado de um querer não absoluto em sua conquista do todo definitivo. O querer precisa estar sempre em sua atividade para se superar.

O UNIVERSO ATUAL É INACESSÍVEL AO INTELECTO

Universo escuro, que é o nosso Universo, já ilustramos, é o que falta ao querer para depurar. E são trilhões incontáveis de Universos como este. Escuro indica a negação de querer a depuração.

E como surge a "redoma", ou seja, este "universo" de matéria, de tempo e espaço, regido por uma gravidade problemática? Coisas que renderam muito pano prá manga e que levaram muitos à fogueira e prisões.

As dis-ferenciações do Nada, com a qualificação do que indicamos como "escuras", são incontáveis outros universos. Um deles é este Universo desconhecido para os humanóides, mas que só se mostra como a "redoma", de que falamos. A redoma é este circo macabro, essa colônia de férias, esse mundo de diversão, esse cenário de tiro ao alvo feito de humanos, esse ocupar-se das inspirações da onda-mestre escura.

As ondas são o querer em atividade, e, neste caso, são vibrações, ou frequências, porque são a atividade de sua essencialidade. Essas frequências como expressão do querer da onda escura (a que nega a liberdade), são seus projetos, suas pretensões nascidas da negação da liberdade, e, portanto, da busca da prepotência contra outras ondas, busca de poder controlador total.

Nesse ambiente, os projetos do querer se fazem projeções de frequências, ou vibrações, e, no âmbito da negação da liberdade, essas vibrações são o "prolongamento" das próprias ondas escuras. Esse prolongamento de vibrações "enchem" esse Universo. "Encher" é apenas um recurso linguístico para dizer que o prolongamento das ondas são suas vibrações, que, por sinal, são da mesma natureza delas. Essas vibrações conduzem em si os mesmos códigos das ondas de onde procedem. Tudo, para facilitar o entendimento, digamos, é codificado.

Essas vibrações, por sua vez, irão constituir o mundo das partículas elementares, pré-atômicas e todo o mundo que se vê como a redoma, objeto dos teólogos e das ciências. As vibrações aparecem como partículas na apreensão racional dos cientistas. Mas os próprios cientistas estão vendo que quanto mais examinam essas partículas, mais elas se mostram codificações de um certo tipo, e que podem ser consideradas vibrações minimais, filamentos, ou, como dizem, cordas-códigos.

Essas partículas são as mesmas ondas, e, por isto, invisíveis, sem forma nem tempo. Para os humanóides, o mundo da redoma é definido como de matéria, concreto, com espaço e tempo. Isto se dá porque, no projeto da onda-mestre, os humanóides são parte de seu domínio e controle. E donde vêm os humanóides? Por que têm esse tipo de apreensão das vibrações como partículas?

Vamos nos utilizar de um filme em câmera lenta para dizer alguma coisa sobre isto. No turbilhão de incontáveis ondas que emergem como dis-ferenciações das escolhas das ondas em sequência, certas ondas escolhem se juntar a outras ondas. Na busca de poder e de outras pretensões, as ondas que buscam outras ondas, fazem um acordo, entendido como de reciprocidade. Uma onda pede a outra de maior poder uma "ajuda", uma contribuição, para que ela (a pedinte) consiga alcançar seus objetivos, realizar seus projetos que sempre serão de um poder maior, de dominação, de fama etc.

O querer, neste Universo escuro, como se vê, é um movimento de alianças, de projeções de pretensões. Não é o mundo de códigos inertes rígidos que se compõem cegamente, objetivamente.

Esse acordo, no entanto, transforma a onda pedinte em uma pertença da onda-mestre. Faz-se cativa, pelo pedido.

AS PROJEÇÕES CONHECIDAS COMO PARTÍCULAS

Por outro lado, as projeções das ondas em forma de vibrações e seus projetos, tornam seu próprio Universo, um Universo conforme o projeto de dominação, de poder absoluto, na disputa com as demais ondas. As ondas pedintes se tornam ondas subalternas, cativas.

A onda-mestre elabora as condições para que essas vibrações codificadas, que parecem ser partículas, tragam ao Universo os corpos (projetados de antemão) de humanóides. Tais corpos, em todo o Universo abrigarão as ondas pedintes subalternas, que pediram ajuda. As ondas subalternas manterão sua capacidade como ondas, tanto quanto as demais ondas. No entanto, residirão num corpo que carrega o querer da onda-mestre, e isto significa que a onda pedinte subalterna só perceberá o que o corpo (o querer da outra onda) permitir que veja, ou perceba. Seu perceber será mediado pelo corpo, um artefato que apresenta sensores próprios (os sentidos conhecidos e outros), e o raciocínio de base cerebral. O corpo, portanto, se mostra um artefato engenhoso de controle da onda-mestre sobre a onda pedinte subalterna, agora cativa. As partículas que constituem a estrutura celular deste corpo são a presença de incontáveis ondas, e representam suas projeções, seu controle e suas intenções de controle total e anulação da onda cativa.

A percepção, que poderia levar a onda pedinte cativa à sua liberdade e expansão, livrando-se do domínio da onda-mestre, tal percepção fica sendo controlada pela onda-mestre, que procura apagar essa onda subalterna e torná-la cada vez mais uma escuridão inerte.

Esse processo de controle está por trás de todo tipo de esquizofrenia, psicoses, psicopatias diversas, alucinações, pânico, a lista de distúrbios a perder de vista. O controle também se faz em forma de inspirações da onda escura, se faz como visões espirituais, como êxtases, como conformismo com a vida, como docilidade em seguir prescrições alheias, como experiências em rituais de espiritualidade ou de magia, como elaborações de ideologias religiosas, de ideologias políticas, como vidência, como achados no mundo da ciência, etc. O controle da onda-mestre vai se tornando um controle societário, vai tomando uma abrangência cada vez maior. Daí por que surgem os globalismos, o ideal de "um rebanho e um só pastor", uma internacional socialista, um governo sem nações. Tudo inspiração e controle da onda-mestre, a escuridão como controle. "Escuridão" significa o projeto de controle total, de supremacia absoluta, onde entram as riquezas e o ouro que inebriam e atraem os humanóides. E é por isto que os projetos ditos grandiosos dos humanóides sempre têm as características de estruturarem e administrarem um poder irrefreável e incontrolável. São guiados, são robôs guiados pela onda-mestre. Não esqueçamos, o Universo não é um evento de estrutura ao alcance das teorias científicas, cujo acesso só poderia ser através das ciências mais refinadas.

O Universo é onda, e onda é um querer, aqui, de poder absoluto, em cujo átrio só podem entrar aqueles que forem capazes de exercer seu querer como liberdade. Este querer que é percepção, descobre esta escuridão e seus projetos de poder e de destruição, de que a história da Terra é testemunha.

A onda subalterna cativa (humanóides), de seu lado, perde a capacidade de percepção e não sabe que essas partículas do corpo e da paisagem ao seu redor (a redoma) são expressões da mesma onda-mestre. O corpo que ela assume é um controle que bloqueia a capacidade de percepção como atividade autônoma. Fica agora controlada. E só consegue apreender o mundo ao redor através dos sensores (controladores) e da inteligência (controladora).

Seu ver é equivocado. A onda subalterna foi enclausurada numa redoma e todo conhecimento aí gerado cada vez mais confirma o mundo ao redor como objeto de investigações racionais. Equivocadamente. É a moradia própria da alienação de si mesma.

A onda subalterna cativa, ao fazer seu acordo com a onda-mestre, pedindo sua ajuda, ficou bloqueada como onda. Sua percepção de onda está bloqueada.

Resta-lhe o corpo como meio de comunicação e conhecimento. E o corpo é o querer da onda-mestre que o projetou. De tal modo ficou que a onda subalterna só pode contar com o corpo para levar sua existência. A existência é sua reclusão na jaula de projeções e programações da onda-mestre. A onda subalterna enleada pelo corpo, só terá os sentidos como contato com seu exterior. Seu intelecto, tal como projetado pela dominação da onda-mestre, executará tarefas, monitoradas, de entendimento do mundo da redoma, o que ela vê como a matéria a seu redor. E a redoma é opaca para esta onda subalterna. Ela não sabe mais que está no seio de uma onda e que tudo é onda. Não percebe mais como onda e, por isto, não percebe que tudo é onda, e que essas "partículas" de matéria são as projeções dos trilhões de ondas que querem o controle total. Essas partículas são a mente dos trilhões incontáveis de ondas escuras. Elas são seus códigos e traduzem sua essencialidade.

No entanto, esta onda subalterna cativa, quando consegue lobrigar uma nesga de percepção (de onda que é) em si própria, apesar dos bloqueios, ela reclama que foi passada para trás pela onda-mestre com quem fez acordo. Esta onda subalterna cativa reivindica os termos do acordo, em que oferecia sua liberdade em troca de vantagens como ter o poder, a riqueza, a fama, etc. Lamenta, então ser deixada no abandono pela onda-mestre com quem fez acordo.

É nesta situação lastimosa que a onda subalterna cativa se põe a rezar, a frequentar os locais de possíveis portais de acesso à onda-mestre (dita deus, anjo, santo, orixá, demônio, espírito iluminado, etc.). Faz novas promessas, faz novas ofertas, quer comover a onda-mestre e atrair seu olhar de bondade (...). Muitas vezes oferece seus filhos, consagra-os à onda-mestre, para comprar as graças dessa onda-mestre. A proliferação de rituais não cessa. Os objetivos de grandeza pessoal excitam a criatividade da onda cativa. Vale tudo para comprar de novo suas reinvindicações. Ela perdeu a noção de que o modo de alcançar sua grandeza não é pelo aconchavo em que se vende a liberdade própria.

A indústria da reza, da fé, do convite e incitação a "renascimentos" de viés religioso, a prática de peregrinações, de visitas a locais ditos sagrados, de edificação de novos templos de grandiosas formas, a fundação de novas linhas de espiritualidades, e muitas outras iniciativas, mostram o quanto a onda cativa está à mercê de um controle que a torna cega e submissa às condições de se submeter cada vez mais à onda-mestre que a domina.

A onda cativa, os humanos, cada vez mais perdidos, desenvolvem ciências para tudo, para uma suposta psique, para uma biologia, para uma farmacopéia, para uma medicina, para uma sociologia, para uma educação. E sempre estão cultivando a jaula da lógica que é o infalível controle da onda-mestre. Trancafiados na lógica, nas matemáticas, nas teorias, as ondas cativas não são capazes de descolar-se deste abundante visgo de lesma que as envolve.

Sim, de um lado, este conhecimento intelectual se faz imprescindível para a sobrevivência do humano. Ele se sujeitou às condições da onda-mestre. Mas não lhe será franqueada uma saída sem uma atitude de rompimento. No intervalo desta possibilidade, tentar sanear o planeta infectado de muitas ações que o envenenaram, será uma tarefa irrecusável.

AS PARTÍCULAS DISFARÇAM A REALIDADE

A física das partículas, a química quântica, a genética e seu DNA, são conceitos criados e firmados dentro da redoma, tendo como base o controle da onda-mestre.

Mas se o humano levantar os olhos, e vir as grades da sala escura que o enjaula, se for capaz de olhar para fora dela, pelo vão de abertura da porta, poderá descobrir que leva sua existência como um serviço, desalentador para si mesmo, e que representa o domínio total da onda que se diz deus criador, ou demônio intimidador. Dá no mesmo.

Levantar os olhos é partir para outro método de pesquisa e de investigação. E esse método é a percepção. É a saída do processo intelectual. A percepção conduz à visão do que seja este Universo.

A pesquisa intelectual poderá falar em tempo ou espaço, poderá relevar a questão da gravidade. Para o desempenho do humano dentro da redoma, esses itens terão sua aplicação e poderão garantir a segurança de suas operações técnicas e tecnológicas. Poderão dar respaldo a questões de sua saúde, poderão lhe garantir melhores safras. Esses conhecimentos intelectuais serão equipamentos funcionais que não levarão o humano para fora da redoma e ele não conseguirá, com eles, ter acesso ao Universo como tal, despido das dissimulações que o ocultam. O Universo visto não é a realidade. O Universo visto pelo humano, a partir de seu corpo, é a dissimulação da onda-mestre. Imaginem que até uma "matéria escura" foi posta diante do intelecto humano para ocupá-lo por mais algumas décadas de pesquisas para chegarem a resultados ilusórios. Não há matéria escura. Não há tempo, não há espaço. Não há curvatura do espaço. O Universo é onda e onda não tem essas características. Só a percepção pode mostrar isto. O Universo é uma essencialidade em atividade.

Os resultados cognitivos a partir dessa percepção serão bem outros: para todas as áreas da ciência. A medicina será outra, a educação será bem outra, os pacotes culturais serão substituídos por outras elaborações. E tudo será gesto de liberdade, de liberdade que faz sumir a redoma e o ilusionismo que ela gera. A redoma é uma construção pelas vias das condições a priori da sensibilidade e das teorias, Liberdade, por outro lado, é uma intensa atividade perceptiva heurística.

O NADA E O GIRO PELAS ONDAS DE OUTROS UNIVERSOS

Só a percepção prodigalizará uma viagem a outros Universos. Nem dobras, nem *worm holes*, porque o Universo é onda e onda não tem dobras, nem buracos. Será uma "passagem" instantânea. Lembrando que os Universos não são essa dita "matéria concreta e opaca".

O nosso Universo é um querer ativo, aqui dito "escuro" porque quer a supremacia e vive do ódio e da destruição do outro. E é isso que constitui a história dos humanóides dentro da redoma. Os humanóides são ondas que, a rigor, têm esse mesmo projeto

O Nada é um querer ativo que se dis-ferencia em incontáveis trilhões de Universos.

Esses Universos representam a dis-ferenciação da onda matriz, o querer originário. É o ponto de partida.

Ponto de partida é um modo de falar dentro desta redoma do racional e das linguagens humanas. Não há, de fato, um ponto de partida. Usar esta expressão é para facilitar um começo de conversa. Os trilhões incontáveis de Universos não têm início e nem um final de qualquer espécie.

O querer sempre é sem linha de tempo.

O querer é a escolha originária em busca do todo de si da onda matriz, sabendo que o todo é uma linha assintótica, com relação a seu acabamento, para usar uma expressão conhecida.

Por ser assim, essa busca pelo todo mostra aquilo que dissemos em termos de "Universos escuros" e "Universos claros". Os Universos "escuros" , aqui, designam o que falta de depuração do querer para ser plenamente e definitivamente liberdade acessando ao todo.

Estas expressões procuram dar vaga notícia do que é impossível de dizer. Na verdade, se trata da onda matriz como expressão de si mesma em termos de incontáveis Universos em que seu querer se manifesta como busca de uma liberdade geradora do todo, e cada Universo é uma onda-código, e cada código é um "conteúdo" próprio da liberdade, em constante dis-ferenciação de si mesmo.

Mas como o todo ainda é um processo de escolhas, naquilo que ele não é ainda conquista, as ondas-códigos se mostram a negação da liberdade, ou o nada que se nega a si mesmo. O Nada é o querer que quer a liberdade de expansão, mas que ainda carrega a tarefa de depuração desse querer que se revela deficitário na mostra dos Universos escuros.

O que divide esta "classificação" de claro-escuro é a demarcação que situa de um lado os Universos que se mostram a negação do Nada e os Universos que são a afirmação do Nada, como a escolha de conquistar o todo de si mesmo.

Tanto um tipo, quanto o outro, trazem incontáveis nuanças de sua tipologia. Mas o lado do querer como escolha do Nada, a escolha da liberdade, a escolha da onda matriz de conquistar a expansão de si mesma, é a manifestação preponderante do Nada. A expansão não tem obstáculos, é um deslanche irrefreável, é um querer que é a própria essência que expande a própria essencialidade, que se afirma e se disferencia a cada escolha. E cada escolha se mostra o desvendamento de si como novos incontáveis Universos. A onda-código matriz ao disferenciar-se, disferencia-se em ondas-códigos que expõem o conteúdo de sua escolha, que é sua própria essencialidade.

A tipicidade destes Universos - o lado "claro" da onda matriz -, é que não há a prisão em redomas que enclausuram humanóides através de um corpo com restrições de escolhas que efetivem sua liberdade. Essas restrições, já dissemos, dizem respeito ao instrumento-corpo, com sua estrutura sensorial e intelectual servindo como meios de conhecimento e interpretação dos dados ao seu redor.

Quando dizemos que a onda matriz faz a escolha da liberdade, estamos dizendo que a liberdade é a própria essencialidade em sua atividade. Não se pode dizer que a onda "tem" uma liberdade. A liberdade não é algo justaposto à onda. Não é sequer uma qualidade adquirida. Poder escolher é ser liberdade como tal.

Por outro lado, os Universos que se caracterizam pela negação do Nada, a escolha ficou entregue a terceiros. O projeto de supremacia, poder e controle a qualquer custo, indica a interferência de dados externos à qualificação da onda como tal. Neste caso, a negação do Nada, como típico das ondas "escuras", é algo fora da essencialidade da onda matriz originária. Indica um elemento que lhe é estranho, algo que a aliena e se afasta de sua capacidade como querer.

O projeto de supremacia, poder e controle as alicia e seduz. Submetem-se a esse projeto que acende um ódio visceral contra todos que, então, são vistos como obstáculos à posse dessa supremacia e que devem, por isto ser destruídos. Ódio e destruição caracterizam a ação dessas ondas. As ondas que negam o Nada, as ditas "escuras", indicam incontáveis Universos, dentre os quais o nosso Universo atual. Mas não competem em vigor com as ondas que afirmam o Nada em termos de liberdade e expansão.

As ondas são, de si, uma vontade, em atividade constante. Não algo de que se possa fazer uma imagem, ou pôr em algum lugar. Uma expressão da redoma, referida como espaço e tempo, pode ajudar a fazer vaga noção do que dissemos. Os trilhões incontáveis dessas ondas podem estar em apenas um pontinho minúsculo. Mas elas projetam seus planos em forma de filamentos, ou partícula, de que a teoria das cordas pode ser um recurso ilustrativo. Também invisíveis e sem ocuparem espaço geométrico. Mas as criaturas que assumem formas a partir desses filamentos, falam em tempo, em calendário, em eventos deste ou daquele tipo, falam de volumes, de pesos, etc. E essas criaturas não sabem que por trás disso tudo estão as ondas, as ondas-códigos. Para estas criaturas, todas as coisas ao alcance da visão é seu mundo, ou seu Universo. As ondas-códigos, um Universo cada uma delas, incluíram controles na estrutura dessas criaturas com relação à sua capacidade de ver e a todas as outras capacidades sensoriais ou intelectuais.

Com estas restrições, as criaturas não terão acesso, através destas estruturas sensoriais ou intelectuais, ao santo dos santos das ondas-códigos. A segurança de ação incógnita das ondas-códigos fica garantida. Elas permanecerão incógnitas para poderem manipular e derrotar as ondas-códigos que foram atraídas para a ilusão do corpo, oferecido como meio de conquistar seu poder, sua supremacia e controle particular.

As ondas-códigos atraídas para o corpo, o cativeiro, dentro da redoma, fazem constante apelação à onda que as controla, para conseguirem as grandezas que pediram em comum acordo. As constantes frustrações das ondas-códigos cativas no corpo, levam-nas a buscar contatos com o que presumem serem seus deuses, seus senhores, e coisas do tipo. E essa busca sempre será uma busca intermediada por magias e ritos, mentiras e violência, mortes e traições, reiterando sempre subserviência às ondas-códigos controladoras. E magias e ritos podem ser todo tipo de ideologias (religiosas ou não), de busca de conhecimentos, de soluções políticas, econômicas, de revoluções, guerras, inquisições e tudo que a história prodigalizou. Trata-se aí de instalar o reino de deus (a escuridão da supremacia) na Terra.

As ondas-códigos que projetaram esta redoma que é vista como se fosse mesmo o Universo, impregnam tudo com sua escuridão, com sua negação da liberdade e busca do todo da liberdade. Tudo, absolutamente tudo nesta redoma é expressão da malignidade dessas ondas-códigos. O Universo é a malignidade das ondas-códigos. Tudo e todos são expressão disso que chamamos de "malignidade", ou o processo de negação do Nada. O massacre da liberdade. Prosseguir submissa a esse projeto, é tornar-se cada vez mais o corpo inerte comandado por controle das ondas-códigos "escuras", que chamamos onda-mestre.

A PERCEPÇÃO E O NADA

Mas para as ondas-códigos cativas que queiram escapar desse destino em forma de colapso de si próprias, resta a possibilidade de acionar a própria percepção. E percepção diz que esta onda-código cativa resolveu abrir a porta e sair para a claridade da afirmação da liberdade. Quem aciona a percepção, descobre todo o esquema de engodo que é a projeção que chamamos redoma. E redoma é tudo o que está ao alcance dos olhos e dos telescópios.

Acionar a percepção é ativar o processo que leva à descoberta deste esquema de supremacia e controle das ondas-códigos "malignas" (escuras). Com o acionar da percepção a onda-código cativa inicia sua saída deste Universo de negação da liberdade, para passar para seu próprio Universo de "claridade", de libertação do querer em expansão para o todo de si.

A percepção inaugura a "entrada" num novo Universo, de autonomia, e, ao mesmo tempo, de partilha com todas as ondas-códigos da liberdade, isto é, a "entrada" no Nada. A escolha da liberdade é a "entrada" no Nada. É perceber-se como o Nada. Comunicação total com todas as ondas códigos (essências) e partilha, substitui o controle cheio de engodo das ondas "escuras".

A onda que se abriu ao Nada pela percepção, descobre que não precisa ser um refém das ideologias, quer sejam das religiões, quer sejam das políticas de salvação, das filosofias, das teorias da ciência, dos esquemas econômicos, das geopolíticas, etc.

O Nada não é um lugar. É o si-mesmo como o âmbito essencial originário, permanente e ativo, o código matricial originário, donde "emergem" todos os Universos. "Emergir" é um modo de falar aquilo que designamos como o processo de dis-ferenciação da onda matriz. O Nada é o querer como fundamento da realidade e da vida. Não em termos de designações do quotidiano.

O Nada é a realidade, com todas as dis-ferenciações da essência. Com isto estamos afirmando que a redoma, entendida como o Universo atual dos humanos, não é a realidade. Esse universo atual dos humanos é, de fato, o projeto e a projeção das ondas "escuras". É a manifestação daquilo que indicamos como a "malignidade", isto é, a negação do Nada. Ou, em outras palavras, a entrega da liberdade originária à terceiros, ao plano de supremacia, poder e controle, a própria caixa de Pandora do Universo. A ilusão como a praça de negócios. Essa malignidade está em todas as civilizações, em todas as culturas, em cada cidade, em cada indivíduo humano. A malignidade é a busca de alcançar um status que ponha este indivíduo acima dos outros, que os explore e os manipule, como fazem, por exemplo, as empresas de comunicação, as mídias poderosas. Isto é apenas uma gotinha no oceano de malignidade implantada pela onda-mestre, a "escura".

Em discurso livre, dizemos que a essência matriz inaugura o Nada com sua escolha originária. Esta escolha mapeia o Nada com trilhões incontáveis de códigos que expandem a potência dessa escolha. E esses trilhões incontáveis de códigos são as nuanças desta escolha, sua variedade, sua superabundância de possibilidades. E tudo isso, continuamente, incessantemente, é o processo de escolha promovendo novas dis-ferenciações.

E aí a profusão das ondas-códigos, dis-ferenciações da onda matriz originária, dá notícia a respeito dos trilhões incontáveis de Universos que expandem a escolha originária, e se fazem a realidade e a vida da essência. Não se trata da vida como biologia. A vida é a expansão da onda como liberdade de si, no processo de conquistar o todo de si.

Mas os Universos não ocupam espaço. Não têm duração. De modo livre, podemos dizer que todos os trilhões de Universos estão aqui em nossa frente, nós estamos dentro de todos os universos e todos estão dentro um dos outros. Mas não existe espacialidade, geometria, para esse Universos. Não estão nem dentro, nem fora do que quer que seja. Os Universos são o querer que se expande. O querer é uma essência. E não um componente seu. Cada Universo é uma essência, um querer, uma onda-código, uma expansão do si-mesmo.

Falando ainda de modo livre e usando a linguagem quotidiana, dizemos que todos esses trilhões incontáveis de Universos, que são os códigos que se expandiram pela atividade de escolha da onda, esses códigos, ou esses Universos, são o conteúdo da onda matriz, e cada código exprime o todo da onda, e todos e cada um dos códigos exprimem o todo da onda, sem serem complementares. Cada código é um Universo, cada código é a busca do todo, cada Universo é expansão de liberdade para conquistar o todo do Nada.

Como entender isso? Não há como entender. O intelecto, a lógica, não apreendem uma informação de uma onda, qualquer que seja a informação. O querer não se reduz a qualquer que seja o tipo de informação. A razão, o intelecto, não tem alcance para acessar a uma percepção de onda.

Razão, lógica, sentidos e intelecto, são instrumentos de controle das ondas ditas malignas, as que entregaram sua liberdade a um projeto alienante de supremacia. Por esta opção, por esta escolha das ondas-códigos cativas, elas se privaram de ter acesso ao Nada, como o âmbito da liberdade, da expansão. O acesso à liberdade só é possível como escolha da liberdade. Esta liberdade como sendo a essência, é totalmente imune a qualquer tipo de manipulação.

Os Universos da dis-ferenciação do Nada, são Universos de uma essencialidade de fortalecimento e expansão da percepção. A percepção é como um "conhecimento" próprio das essências que escolheram a liberdade de si mesmas como projeção do todo de si. Sim, percepção não é conhecimento, porque conhecimento é coisa da razão, é coisa da lógica. E a percepção não trabalha, não opera, a partir da lógica ou da razão.

A percepção é o procedimento que expande a essencialidade de si da onda, a níveis imensuráveis. A percepção não está presa ao passado ou ao futuro, não está presa a fórmulas matemáticas, ou a princípios lógicos, que são conceitos e instrumentos acessórios da redoma. Dizer essência ou percepção é a mesma coisa. Percepção é a essencialidade da essência. A percepção de uma onda-código, em ritmo de liberdade, é um Universo que se expande. E não estamos falando da fuga das galáxias. Isto é coisa da redoma entendida como um espaço-tempo, ou uma matéria temporal.

7   O TEMPO, O ESPAÇO, A LUZ

A lógica, os sentidos e o intelecto foram largamente tematizados por I. Kant, na sua **Crítica da Razão Pura** (Séc. XVIII). Procurou apresentar um quadro consistente de uma teoria do conhecimento, distinguindo o que chama de sensibilidade, entendimento e razão.

Mas é bem importante o que ele diz: que os olhos, que permitem ver a matéria ao redor, são as formas "tempo" e "espaço", formas a priori da sensibilidade. O tempo, para ele, é um modo de ver. Mas é um modo de ver universal e necessário. Sem ele, a realidade não se mostraria. É o que diz Kant. E isto vale para o espaço. E Kant vai longe na descrição destes termos e na sua demonstração de como eles operam como uma atividade do sujeito. O mundo da matéria aparece como constituído de tempo e de espaço, pela operação cognitiva do sujeito conhecedor. O aparato cognitivo está munido de "formas a priori". Isso significa um não ao empirismo que diria que tudo que há na mente, entrou pelos sentidos. O lá fora decidiria o que a mente teria que saber. Kant nega esta postura.

E vai adiante em sua demonstração para tecer um quadro em que não é possível conhecer qualquer coisa em si mesmo (*noúmeno*), mas tão somente como fenômeno. E o fenômeno surge com as formas a priori, universais e necessárias, através das quais o espírito humano concebe o mundo.

É assim que a sensibilidade capta a matéria da multiplicidade (a matéria do fenômeno) diante dos sentidos e lhe dá a forma de tempo e espaço (é a forma do fenômeno). O entendimento, na sequência, toma essas sensações e elabora conceitos, representa essas sensações na moldura de conceitos. O fenômeno, então não se encontra no objeto em si, diz Kant, mas na relação do objeto com o sujeito. O fenômeno é realidade na medida que é uma construção do sujeito em sua relação com o objeto. E o inteligível puro, sem mediação, não nos é dado, é inteiramente inacessível ao conhecimento. Tudo é apenas fenômeno, exigindo a mediação das formas a priori e dos conceitos.

O fenômeno se torna inteligível pela ação do entendimento. Sensibilidade e entendimento andam juntas como faculdades de conhecimento. O entendimento se conduz pelas regras da lógica. Trata-se da lógica transcendental, onde o entendimento será visto como o modo de inteligibilidade dos fenômenos através de formas a priori, conceitos capazes de relacionar-se a priori a objetos. É o entendimento puro, o conhecimento racional, pelo qual o sujeito pensa os objetos totalmente a priori. Kant se dedica, na sua Analítica Transcendental, a organizar um quadro dos conceitos puros, quadro através do qual o entendimento formará os conceitos, que em lógica diz-se "juízos". Os conceitos puros são as categorias a priori do entendimento.

Tal é, acima, a pequena degustação da laboriosa peregrinação que faz Kant para apreender o que possa ser a realidade, o conhecimento humano e as consequências de posturas existenciais a partir daí.

Para nós, é o mesmo que dizer, que a bolha deste mundo, a redoma que se põe como uma esfinge para os pesquisadores, só tem alguma forma, alguma estética significativa, porque o sujeito conhecedor, o homem desta bolha, só pode acessá-la pelos esquemas cognitivos (sensoriais e intelectuais) de que dispõe, como estrutura humana.

E a estrutura humana está toda ela demarcada como o processador de uma máquina sob controle.

De qualquer forma, a epopéia de Kant se encadeia no comboio de quantos buscaram algo semelhante. Aristóteles, Sócrates, Platão, Hume, Descartes, Wolf, Heidegger, Husserl, trouxeram quadros diversos, mas mostraram que a decifração do aparato cognitivo humano, e de suas operações, não se deixa descobrir de modo definitivo. Há pontos nebulosos, há o assombro de muitas surpresas a respeito de manifestações cognitivas particulares que saem do quadro das explicações.

No entanto, todos os pesquisadores do aparato cognitivo humano se detiveram, em resumo, no sensorial, no racional. Permaneceram numa matéria prima definida, em última instância, como sensorial e racional. E tudo isso será considerado operação levada a termo por um cérebro. Kant vai dizer que o conhecimento está nas formas a priori da sensibilidade e nas categorias a priori do entendimento. Conhecer a "alma", ou o "espírito", que processa essas operações, é um evento impossível para o homem. A "alma", o "mundo" ou mesmo "deus", não são cognoscíveis em si mesmos, (como *noúmeno*). O conhecimento restringe-se a fenômenos, sensibilidade mais entendimento, a partir do que se oferecem em termos de a priori.

Isto tudo leva Kant e os demais pesquisadores, a permanecerem dentro da abóboda visual do mundo em torno, a redoma feita de fenômenos. A redoma, o "todo" gerado por esse conhecimento, é a mostra da crença nas operações do "espírito" humano, o reconhecimento dos seus limites, além do que não se pode ir, de acordo com essas pesquisas. A legitimidade dos achados dessas pesquisas está diretamente relacionada com o permanecer nesses limites. Claro, as "revelações" ditas divinas, as visões dos místicos e coisas do tipo, estão excluídas, porque não representam a atividade cognitiva em suas bases antropológicas racionais. Afinal não há consenso com relação àquilo que opera o conhecimento, se é somente o cérebro, se é algum "espírito", ou "alma". Mas todos os pesquisadores ficam trabalhando com o que é imediatamente "visível" das operações cognitivas e ao alcance de sua atividade. E tudo passa, finalmente, pelo cérebro.

O "espírito" que opera o conhecimento, de acordo com Kant, se utiliza do cérebro. Mas Kant não diz que o "espírito" seja de algum modo o cérebro. Era designado também como "alma", algo como a *psyché* grega.

Tempo e espaço trazem muitos problemas. Einstein muda esses termos de lugar. A velocidade da luz é o único absoluto. Só as propriedades absolutas terão valor, para o conhecimento da realidade. A velocidade da luz nunca foi observada diretamente por nossos sentidos. E parece não ter interferido em nossos modelos culturais ou biológicos.

A teoria vem abalar os velhos conceitos. Não há tempo universal. Não há tempo sequer. A duração entre dois eventos também deixa de ser absoluta. Tudo depende da velocidade da luz. O volume de um corpo, o comprimento de um corpo, dependem da velocidade da luz.

A velocidade da luz no vácuo se assenta no trono das admirações. E a redoma de que falamos assume uma nova atração. A razão traz uma inteligência inesperada que pode significar uma nova era.

Mas chegou Max Planck e a radiação do corpo negro trouxe novidades inesperadas. Atraiu as atenções para os fótons e átomos. A matéria se tornou mais atrativa do que nunca. A lógica clássica já não consegue dar conta da linguagem. Heisenberg sugere que se parta para uma outra lógica, a do paradoxo, por exemplo. Foi demais para Einstein. No fundo ele cultivava a segurança do deus de Descartes que garantia o acerto de sua teoria do conhecimento. Da a montanha de Moisés ouve-se o grito de Einstein: "Deus não joga dados".

Enfim, este mundo visível dos humanos, ou melhor, das ondas-códigos cativas, recebia uma nova e contundente atração. Trazia a perspectiva de novos poderes tecnológicos, de novos poderes atômicos, nova revirada do poder e do controle. Esta redoma se tornava cada vez mais cativante.

UNIVERSOS E ONDAS: A NEGAÇÃO E A REDOMA

Todas as questões relativas a tempo, espaço, espaço-tempo, gravidade, luz, partículas, ondas, matéria, todo o acervo dos conhecimentos científicos e outros, precisa ser considerado a partir da visão-onda. A abordagem científica, e outras conhecidas, se atêm aos quadros de suas teorias, de seus axiomas, de seus princípios, das regras lógicas, que solicitam a razão como operador deste conhecimento. A razão pode ser o "Cogito" cartesiano, o "espírito" (psyché) de que fala Kant, pode ser a razão fenomenológica de Heidegger, ou a estrutura que processa a redução na Fenomenologia Transcendental de Husserl.

Mas a razão é o equipamento cognitivo do "homem", aquele que é uma onda-código à mercê de um corpo totalmente programado, como um artefato robótico, operado por controle remoto de uma onda-mestre. Em outro capítulo falaremos deste humanóide robótico.

Nosso foco aqui é este Universo em que estamos, e a redoma em que nos movemos. Já dissemos atrás, que esta redoma é resultado das operações sensoriais e racionais cognitivas do indivíduo. Para o indivíduo, o Universo é isto que ele "vê", é tudo aquilo a que ele tem alcance através de seus meios sensoriais ou seus meios racionais. Mas tudo isto é um tipo de criação imagética gerada por suas operações sensoriais e cognitivas intelectuais. A redoma se desenha e aparece de acordo com o que os humanos tecem no correr de sua história. Ideologias, teologias, teorias, mitologias, são alguns dos recursos utilizados para a configuração da redoma-mundo.

A visão-onda, em contraposição, é um outro tipo de abordagem. Trata-se, aqui, de saber como é o Universo a partir da visão de uma onda como tal. Essa visão é dada pela percepção, que é a designação do modo de abordagem próprio de uma onda. A percepção não se serve do intelecto, nem dos recursos sensoriais do corpo. A percepção é um tipo de procedimento que não se utiliza de linguagens, nem imagens, nem de gestos.

E será esta percepção que dará notícia do seja o Universo como tal.

Essa percepção já mostrou que o Universo é como uma onda que se dis-ferencia. Veja-se isso nos capítulos anteriores.

Como dissemos, com a escolha originária da onda matriz, no Nada, a onda matriz se dis-ferenciou em uma imensidão inumerável de outras ondas. Ou seja, ela, com a escolha, acionou sua dis-ferenciação mostrando os códigos de sua essencialidade como tal. Os códigos de que falamos podem ser imaginados, para nossa apreensão intelectual, como códigos numéricos. É apenas um modo de falar. Não há códigos numéricos numa onda. Assim, todas as incontáveis ondas da dis-ferenciação originária serão aqui referenciadas como códigos. As escolhas seguintes exporão cada código em outros incontáveis códigos de sua constituição. Dissemos também que a escolha originária não foi uma escolha tão abrangente que pudesse ser definitiva e capaz de definir para sempre o todo do Nada. Escolha originária se propôs alcançar e expandir uma liberdade de si, como essencialidade do Nada. Mas sua não abrangência total mostrou, nessa dis-ferenciação originária, ondas-códigos, que se mostraram a negação do Nada. E tudo vem do nada, e então estas ondas-códigos representam o Nada que se nega a si mesmo.

Nosso Universo, em que vivemos, é um caso de um Universo que se mostra a negação do Nada. A negação da escolha da liberdade e de sua expansão incomensurável.

A percepção, não a razão nem os sentidos, mostra que as incontáveis ondas da dis-ferenciação destas ondas, que chamamos de escuras, são outros tantos universos escuros.

Nesses Universos, como negação da liberdade da essencialidade originária, não há a comunicação e a partilha entre as ondas como no caso das ondas que escolheram a liberdade. As ondas, destes universos escuros, da negação do Nada, estas ondas-universos são a atividade da disputa entre si para conquistar uma hegemonia de poder e controle de tudo, como Universo.

Cada onda Universo, está em constante dis-ferenciação, porque a atividade de escolhas, decisões e projetos em vista da hegemonia do poder, ex-põe continuamente os códigos que jazem nessas escolhas, e a sequência de escolhas indicam sequências de novos e incontáveis códigos ou ondas-códigos.

A busca da hegemonia, a supremacia definitiva sobre as demais ondas, o controle de um Universo sobre outros, é um jogo que requer a maior sagacidade, a maior capacidade de preservar a própria autonomia e controlar as demais. É só ver o mundo dos políticos, e dos que têm algum empreendimento.

A percepção mostrou a agilidade dessas ondas em combinar códigos, e construir uma vigilância e uma defesa cada vez maiores para a auto-preservação. Nesse caminho da maior preservação e da maior capacidade de ataque, essas ondas combinam códigos e se fazem algo como robôs inimagináveis para nós. E uma mesma onda desenvolve um número imenso de robôs, alojados em outros "robôs" maiores, como um tipo de plataformas que fazem de nossa galáxia uma bolinha de gude. E são plataformas em número incontável para uma disputa que não cessa, e que gera, continuamente novos projetos que, por sua vez, fazem eclodir, na dis-ferenciação, outros incontáveis turbilhões de códigos. Códigos significam novos Universos, significam a intensificação da disputa, uma elaboração cada vez mais arrojada desses robôs.

Tenha-se presente, que as ondas, de que falamos, quando organizam códigos, organizam os códigos de sua dis-ferenciação, em qualquer momento da sequência. E os códigos da dis-ferenciação de uma onda, de um Universo, são outras tantas ondas, ou outros tantos Universos. Assim, a elaboração de um robô para autopreservação e para o ataque na disputa da supremacia, é um robô de ondas-códigos, de Universos. Não se confunda um Universo de que falamos aqui, com aquilo que a história humana designa como "universo". O universo da história humana é o que chamamos de redoma, projeções conceituais e sensoriais.

Os Universos escuros, os Universos da negação do Nada, se caracterizam, pois, pela agressividade, pela busca da hegemonia, da supremacia do poder, busca do controle dos demais Universos, a busca contínua de novos arranjos de códigos para conseguir elaborar robôs cada vez mais insuperáveis, e capazes de invadir a segurança e os segredos de outros robôs e plataformas. Cultivam um ódio a toda prova.

Fazendo uma digressão, a redoma, aquilo que chamamos de universo visível, é uma pálida e minúscula amostra disso tudo de que falamos acima. Quando apresentamos aqueles autores (o Javé de Moisés, a luz de Young, o Espírito Absoluto de Hegel, o diabo de Marx), estávamos preparando um material que dava conta de como esses Universos se manifestam na história dos humanos. O controle dos humanos, por essas ondas, se faz através de engodos em que essas ondas escuras se mostram como um deus bondoso, um anjo de olhos azuis, um espírito cheio de luminosidade, uma luz que atravessa a evolução e depois se revela como uma luz divina para dizer que o percurso das espécies é um percurso divino. O engodo continua na apresentação de um Espírito Absoluto que conduz o pensar humano para um desfecho cheio de verdade e acerto definitivo, mas que é, de fato, um modo de controle radical do pensar humano. Ou ainda, um engodo que se propõe uma justiça social, uma nova ordem de igualdade entre todos, mas que se revela a própria busca da supremacia disfarçada em solidariedade, e cheia de ódio e genocídio como é evidente na proposta marxista ditada pelo diabo, na práxis de Marx.

A disputa nesses Universos "escuros", é sempre um manancial de tudo que é sordidez, velhacaria, mentira, traição, enganação, exploração e destruição dos outros. A lista é interminável. E tudo isto aparece nesta nossa redoma que designamos "universo". É só ver o histórico dos políticos ou das Supremas Cortes em diversos países.

Em linguagem cultural costuma-se dizer que a podridão do caráter, a podridão das intenções dos políticos e dos profissionais do campo jurídico, a podridão de profissionais da educação, exímios na manipulação que alicia estudantes para uma cooptação ideológica (política ou religiosa), a podridão de profissionais da área de saúde e seu interesse escuso focado no monetário, é como um mar de imundícies assolando e devastando a busca de liberdade. E tudo isso é apenas uma pálida demonstração do que são as criaturas configuradas por essas ondas escuras, esses robôs em busca de supremacia. Mas há os que buscam se desvencilhar dessa sordidez.

Este Universo escuro em que vivemos, é como se manifesta a escolha de negação da liberdade. Nem todas as ondas-códigos em que se expressou a dis-ferenciação da essência matriz, se fizeram buscadoras da liberdade de si e de sua expansão incomensurável.

Essa falha da escolha originária, a venda do querer próprio, é a origem dos Universos da negação do Nada. Estes universos "escuros" trazem a escuridão. Escuridão quer dizer devastação. A devastação de que conhecemos amostras em todas as civilizações, em todas as estruturas criadas pelas muitas culturas humanas. A história se mostra um acervo de eventos sombrios, desalentadores, onde sempre fica no poder o que se mostrou mais forte nas armas e na truculência de suas ações. O progresso dos povos é sempre o progresso de um conhecimento orientado para a dominação dos outros, e tudo se condensa na fabricação de armas cada vez mais letais. O regime de competição pela supremacia ecoa nas culturas, no interior de cada ser humano. As elaborações filosóficas, teológicas, científicas, artísticas, querem sempre a supremacia de si mesmas sobre as demais. E essas elaborações são a carne e o sangue dos indivíduos emitindo a inspiração dos textos. Carne e sangue impregnados das vibrações das ondas escuras, e que reverberam a agitação desmesurada para alcançar o controle sobre as demais ondas.

Os Universos que surgem como o Nada que se nega a si mesmo são, então, essa escuridão que os humanos conhecem como fazendo parte de sua cultura. A redoma - isto que os humanos chamam de nosso mundo, nosso universo - , é a extensão dos Universos ondas, os universos escuros.

E por qual motivo os humanos vêm com seus olhos muitos cenários, ouvem com seus ouvidos muitos ruídos, têm a impressão registrada por seus sensores corporais de muitos fenômenos originados desse mundo ao redor, a redoma?

As ondas códigos não têm características de tempo nem de espaço. Não têm uma luz que lhes seja um absoluto a partir do qual criem um espaço-tempo, uma gravidade ou matéria escura. Já dissemos num capítulo acima, que a agitação das escolhas das ondas, sua vibração ou frequência (chamemos assim) é a contínua dis-ferenciação em vista de seus projetos de supremacia. E seus projetos se formulam como vibrações codificadas dessas mesmas ondas.

Essas codificações dão configuração a seus projetos. E estes projetos carregam as intenções dessas ondas-códigos. Elas criam um cenário, onde estas vibrações, ou frequências, vão se compondo como estruturas robóticas, tais quais as próprias ondas-códigos, quando se fazem naves-robôs. As estruturas robóticas aparecem como partículas pré-atômicas, atômicas, moleculares, celulares.

É importante ter sempre presente que utilizamos a linguagem corrente para exprimir o que não é exprimível por linguagem corrente. Assim, utilizamos termos como "códigos", "projetos", "vibrações", estruturas robóticas", "naves-robôs", partículas, "átomos", ...

Na verdade as "ondas" escuras são uma essencialidade a seu modo, e essência não tem visibilidade, não tem uma forma ou imagem. Nós antropologizamos, culturalizamos, o conjunto terminológico a respeito das ondas. Para o humano, é preciso utilizar-se de imagens, de termos conhecidos. A informação é passada, claro, com a distorção que essa passagem traz. Passar do ambiente de percepção (das ondas) para o ambiente físico da cultura, é uma passagem que traz distorções. E a informação fica prejudicada. Só a percepção pessoal, como a definimos e restringimos, pode recuperar o prejuízo.

As ondas-códigos, dissemos, formam matrizes inteligentes e intencionais de códigos, para garantir sua indevassabilidade e buscar sua supremacia. Designamos isso de naves-robôs. Do mesmo modo, seus códigos, que expressam seus projetos, se compõem para executar tarefas próprias. Essas aglomerações inteligentes, sagazes, agora são designadas de projeções, que irão compor partículas e átomos, moléculas e células e, depois, todo o vasto mundo da matéria. Mas tudo isso são "estruturas robóticas" cujo controle está inteiramente nas mãos das ondas. Estas estruturas são as próprias ondas em termos de suas projeções. E tudo que se projeta de uma onda é ela mesma. Não há distância. Assim é no mundo das essências. Não há o subjetivo e o objetivo, o lá e o cá, nem o tempo nem a demora.

Contudo, as ondas, como eclosão da dis-ferenciação da onda matriz, sempre estarão sujeitas ao que é próprio de sua natureza. Assim, por exemplo, suas dis-ferenciações seguirão o modelo previsto para tanto. E as eclosões de códigos seguem seu desenrolar próprio. As aglomerações de códigos seguem formulações estruturalmente possíveis para que isso aconteça. Os eventos no âmbito das ondas não são aleatórios, com relação aos aspectos mencionados. Isto nos diz que as ondas-códigos não criam seus Universos, apenas dão oportunidade a que ele se manifeste de seu modo. Mesmo que seja o modo escuridão, negação.

As decisões que as ondas tomam são de outra ordem. São escolhas, e, como tais, geram dis-ferenciações. O desenrolar das dis-ferenciações têm regras, diríamos em linguagem cultural.

Com relação às decisões das ondas-códigos escuras, elas são interferências modificadoras, são adulterações, distorções introduzidas e assim por diante. Se fôssemos descrever o que pode acontecer num Universo "claro", onde a escolha da liberdade é seu padrão, poderíamos dizer, em linguagem cultural, que nesse Universo, os corpos não são visíveis, nem opacos e nem cheios de limitações e defeitos. As expressões de corpos que aqui chamamos de galáxias (por exemplo), não terão a sequência que põe perplexidade nos cientistas a respeito do colapso da matéria. Isto porque o ambiente desse outro Universo é de expansão, de consolidação de tudo. No caso de um Universo das ondas escuras temos um ambiente semelhante ao de uma mansão envelhecida, seguindo um processo de decomposição.

Aqui neste nosso Universo, tudo é manipulação das ondas-códigos escuras, tudo é falsificação da informação, tudo se faz controle sobre todo tipo de inteligência que habita estas paragens. O exemplo que demos foi o conjunto daqueles quatro autores: o Escriba de Moisés, Young, Hegel, Marx. Mas, entram na lista todos os outros que exaltam a beleza inarredável deste universo, o maravilhoso destino do homem, a bondade atenciosa de um deus, a perspectiva de uma salvação dita "eterna", a possibilidade de o homem terráqueo colonizar outros planetas. A lista do ilusionismo sem barreiras vai embora, para além da sensatez. Basta assistir filmes que exploram esse visionarismo sem fundamento.

Voltando ao assunto das projeções das ondas-códigos escuras, pode-se perguntar com insistência: então o que vemos por aqui é distorção e manipulação? Depositamos aqui um solene sim.

Que intenção gratificante e elevada pode ter uma onda que busca violentamente a supremacia, jogando com tudo que tem?

As projeções distorsivas que elas lançam, e que chamamos de escuridão, geraram esses indivíduos humanos que conhecemos e que tanto desalento trazem, em tudo que fazem. Fizemos diversas listas do terror que esses indivíduos humanos representam para si próprios e para todo o meio ambiente. Citamos como essas ondas controlam e manipulam as mentes desses indivíduos humanos, como tudo que ele faz é direcionado para a guerra, para a conquista de uma supremacia, de um controle massivo sobre outros. Citamos como as instituições geradas por esse indivíduo são marcadas pela falsidade de intenções, como são manipulativas, como se deixam levar pela atração do dinheiro e como se aliam a numerosas células criminosas. A lista é infindável. O terror está aí estampado. Alguma coisa melhorou com o passar dos séculos? Só se refinou.

A composição do que sejam os objetos e corpos da redoma de que falamos, vem com a marca da violência, do controle, da sordidez dessas ondas-códigos. Uma delas, certamente chave, é a composição do corpo do indivíduo humano, ou os corpos dos indivíduos humanóides pelo universo.

Esse corpo só enxerga a redoma, o universo ao alcance da vista e dos telescópios. Mas o corpo humano não tem acesso ao "mundo" das essências escuras. Ou melhor, o acesso a esse mundo é feito através de rituais de todo tipo. Podemos aderir ao termo "portais" para indicar os diversos tipos de acesso que os indivíduos desenvolveram, claro, inspirados pelas mesmas ondas escuras, que têm o controle de tudo. Portais? Sim, as rezas, os rituais religiosos, as espiritualidades, os êxtases de fundo místico, o culto ao "além" como o non plus ultra da vida humana, a prática de numerosas magias, magia negra sempre, missas, sessões de danças e canções religiosas, os sonhos, as visões, etc. E também o culto a muitíssimos indivíduos tidos como a pedra angular da vida de um povo, considerados semideuses, reverenciados e ouvidos como oráculos divinos (tipo Mao, ou papas, tipo Rajneesh, padre Cícero, ou cartomantes, videntes, tipo imperadores, e quantos outros).

O indivíduo humano não tem acesso direto ao mundo dos códigos escuros, as ondas. O acesso sofre o controle dessas ondas. Kant tinha razão, o deus (onda escura), o mundo (o Universo como tal), (o homem em si) são inacessíveis ao conhecimento racional. Mas já citamos o caso dos videntes notáveis. Trata-se do mais claro acesso a um portal através de um contato onda-onda. Mas é também a mais flagrante manipulação das ondas sobre os humanos. O humano nem fica sabendo como ele poderia ter informação de eventos que ultrapassam o tempo atual. Os demais ficam assombrados e atônicos com essas manifestações dos videntes. E se entregam a todo tipo de homenagem a um além que é todo ele cheio de má intenção. Aliciados e enganados.

Voltemos à redoma, este mundo aqui e agora. Feito de tempo e espaço, luz e gravidade. A elaboração do corpo do indivíduo humano, passou pelo laboratório de intenções de controle das ondas-códigos. A elaboração deste corpo foi pensada para aprisionar o humano numa visão que vê o mundo das ondas como se fosse apenas uma visão de coisas materiais (a redoma), que transcorrem numa sequência temporal e fenecem e desaparecem.

O ARTEFATO ROBÓTICO

O homem. Como ele saiu da linha de montagem? O corpo é labor cheio de programações. As ondas escuras o conceberam, dentro de uma variedade tipológica colossal. Cada indivíduo é único. O esquema da variação e composição segue uma sequência de 4 e seus múltiplos: 4, 16, 32, 64, 128, 216... indefinidamente. Acompanham a composição de códigos das dis-ferenciações das ondas.

Mas o corpo é apenas um casulo cheio de programações. É a estrutura robótica, sem vontade própria. A vontade dele é feita por controle remoto da onda que o encampou. E há um outro componente nesse indivíduo humano. Trata-se de sua essência, ou do aspecto onda do indivíduo. Cada indivíduo humano é uma onda-código retida num corpo robótico de confecção pelas ondas-códigos escuras. Corpo e onda.

O aspecto onda do indivíduo seria a sede de sua vontade, de seu querer. Se ele tivesse acionado esse querer, ele não estaria à mercê do controle das ondas escuras. Mas a onda-código que está retida num corpo humanóide, desde seus inícios - como dis-ferenciação de onda -, se fez vassalo de outra onda mais forte, na busca de alcançar objetivos como o poder, a riqueza, a fama, o sucesso e outros mais. Esse acordo inicial tornou a onda que se fez vassalo, uma onda cativa. Capturada pela onda mais forte, , no acordo feito, a onda cativa foi retida num corpo.

Desde sempre, desde este acordo, a onda cativa esteve bloqueada para enunciar um ato de vontade livre. Tudo nela é realizar o desejo, o projeto da onda mais forte, inserido como programação em seu corpo. Claro, existe a possibilidade imediata de a onda cativa anular seu cativeiro. Mais adiante trataremos disto.

Deixando de lado a complexidade desse arranjo, o que nos interessa aqui, é salientar que esse corpo cheio de programas, é, na prática, a "mente" da onda-código mestre, a que tem o comando sobre a onda cativa. Na verdade, a onda cativa está na "mente" das onda mestre, como se tivesse se dissolvido nessa mente. Imaginem um recipiente com água. Pinguem uma gota de tinta nessa água. A tinta é inteiramente absorvida pela água e perde sua definição e sua autonomia. A onda cativa é a autonomia que foi absorvida pela água (a onda escura). A gota de tinta perde sua definição. Se dilui. Torna-se a água, a água escura.

A onda mestre criou uma série de itens de controle, para, cada vez mais, dissuadir a onda cativa de procurar sua libertação. E isto é um perigo para a onda mestre, visto que a onda cativa vai se dando conta de que o acordo feito não traz os benefícios procurados. A onda mestre procurará derrotar toda reação da onda cativa. E é assim que a programação da estrutura robótica, o corpo, se transforma num *slow motion* existencial. Para a onda cativa, o futuro se torna uma ameaça de fracasso, de assombro perante as circunstâncias ameaçadoras de seu tão esperado sucesso. O passado traz recordações de dureza da vida, de dificuldades, de quedas e rupturas dolorosas. E o tempo, então se mostra essa hostilidade e ameaça.

O tempo, como jogo do controle da onda escura sobre a onda cativa (toda a humanidade), se torna o drama que conduz um poder de anulação da onda cativa. E o tempo contamina o espaço. A paisagem espacial, o local da existência, o cenário geral, traz um desafio, uma escuridão, uma exigência de vigilância, porque é nele (espaço) que se desenrola a saga da busca do sucesso, formulado nas preocupações do tempo.

E tudo isso, tempo e espaço, controle sobre uma vontade a ser anulada, se passam como um "pensar" da mente da onda mestre, a onda escura controladora.

Como as partículas das projeções da onda mestre são estruturas robóticas construídas, aglomeradas, para executarem seus objetivos de controle, a impressão perceptiva da onda cativa é de que tudo anda e acontece de acordo com um tempo e espaço cediços, mas que podem ser mais promissores e gratificantes se ela mesma (onda cativa) tomar iniciativas de controle da situação. Estabilizar o tempo e o espaço, é controlar o assombroso destino neles inerentes.

A escolha desse controle sobre o tempo e o espaço, será para algumas ondas cativas, o recurso de invocação e sacrifícios aos deuses, para outras, o recurso de encontrar algo estável, absolutamente estável, como por exemplo, a luz.

A onda cativa só consegue ver o cenário da redoma. Não percebe que está diluída na "mente" da onda mestre que a controla. A onda mestre bloqueou a visão-onda (percepção) da onda cativa, e essa visão-onda permitiria perceber o engano.

A "diluição" da onda cativa (a gota de tinta) na mente da onda escura (o recipiente de água), de que falamos, é um modo de expressar o fato de as ondas, como tais, não terem características de tempo e de espaço. Não ocupam lugar. Cada uma é uma vontade com projetos próprios, que surgem como dis-ferenciações, explicitando incontáveis códigos de si mesmas, ondas-códigos. Uma onda que queira se aliar ao projeto de outra, estará "diluída" nessa outra. É como se diz, entregou sua cabeça para terceiros. Alienou-se.

Esta alienação é que não deixa a onda cativa perceber que o tempo e o espaço, ou mesmo a velocidade da luz como algo absoluto, são apenas um filme passado na "mente" da onda mestre, para controle de suas ondas cativas. E é assim que a onda cativa só vê a sua situação como o mundo da redoma, como um cenário externo, como composto de tempo e espaço e tudo mais. O cenário-mundo é esse filme. As programações robóticas é que dão as características ilusórias dessa paisagem. E o corpo é uma dessas programações robóticas que retém a onda-código cativa. E ela só opera o conhecimento sensível e intelectual através deste artefato chamado corpo.

A partir daí, as ondas cativas se esmerarão para decifrar este cenário - a redoma -, todo ele ilusório, e tirar dele todo proveito em vista de seu sucesso e de suas ilusões de grandeza do destino humano, a ponto de investirem numa perspectiva de peregrinarem por planetas diversos.

Tempo, espaço, gravidade, velocidade absoluta da luz, e outros conceitos da ciência, ou ainda vida eterna, salvação, ressurreição, milagres, revelação, e muitos outros, são conceitos de controle gerados na "mente" da onda mestre que mantém o controle sobre a onda cativa.

A onda cativa já não opera sua experiência do entorno como sendo uma onda-código. Ela opera através do artefato robótico dito corpo, que é uma montagem gigantesca de códigos. E isto significa que a onda mestre absorveu, através desta programação, a onda-código cativa.

O entorno se mostra esta redoma, este mundo dito físico, com suas leis. Mas este mundo físico, este universo físico, é tudo que a onda-código cativa recebe da onda mestre através do artefato robótico corpo. E este universo físico é uma artimanha da onda mestre. Este "universo" dito físico, é apenas uma miragem no Saara da mente da onda mestre escura, para enredamento e a perda de rumo da onda cativa. É com esta ilusão que ela mantém cativa a onda-código com que fez um acordo.

Não esquecer que as projeções da onda mestre (o conjunto de ondas incontáveis de sua dis-ferenciação) são frequências de si mesma como onda. Essas frequências são a própria onda mestre. Assim tudo que se pensa que sejam as partículas ou ondas no mundo físico são a própria onda mestre, sem a concretude que se pensa ter. A onda cativa, presa na frequência da onda mestre perdeu a capacidade de perceber sua situação como onda. Agora, cativa, só opera através da estrutura robótica chamada corpo. E o corpo só oferece sensores físicos ditos estruturas sensoriais e racionais. Mas que são projeções ilusórias da mente da onda escura. A onda cativa vê tudo somente através de óculos de realidade virtual. É a gota de tinta diluída na água. A onda cativa "vê" dentro da mente da onda escura. A onda cativa é ludibriada pelas projeções da mente escura da onda mestre.

As operações ditas cognitivas, como operações mentais do ser humano, quer sejam sensoriais, quer sejam racionais, são de ação controlada da essência que designamos como onda mestre. E tudo que a onda cativa opera, faz, decide, escolhe, pesquisa, é ação robotizada pelas vias do corpo, o artefato robótico. Sob o controle da onda mestre, onde a onda cativa está imersa e cada vez mais incapaz de distinguir-se dela. A onda cativa vai sendo absorvida e anulando o que tem de mais precioso, isto é, anulando sua capacidade de escolher a sua liberdade e sua expansão. A escolha de sua liberdade, a desligaria da dependência da onda mestre e ela poderia remeter-se a outro Universo, onde se encaminharia para sua expansão.

É por isto, e falamos disso acima, que o conjunto das ciências, o conjunto das ideologias (sempre totalitárias) como as religiões, as espiritualidades, os socialismos, as teorias de hegemonia, as lutas por supremacia, as perspectivas de criar um império, tudo isso e muito mais, indicam a penúria da dependência da onda cativa, prisioneira do controle da onda mestre. A redoma é a sordidez da onda mestre, escura.

A onda cativa se põe a trabalhar como escravo dedicado, cheio de fé, capaz de dar sua vida pelo ideal que abraçou. E toda esta postura foi induzida pela onda mestre sobre ela. A onda cativa tem medo. Medo do futuro. E esse futuro é ameaçador, quer seja a bancarrota nos negócios, na vida profissional, na vida afetiva, quer seja a condenação pela fé, a marcha para a fogueira que a queimará em praça pública, a perda do "céu", a desaprovação do deus que tudo vê. A lista dos medos é infindável.

O medo é o tempo construído na "mente" da onda mestre. O tempo futuro induz a onda cativa a cumprir com seus deveres, mesmo que tudo lhe seja inóspito. E o espaço circundante é o meio para exorcizar esse medo. O espaço se torna a oficina de resgate dos projetos de supremacia e controle dos humanóides.

O conceito de espaço abriga a matéria e suas possibilidades. As possibilidades dependem de como a onda cativa aborda essa matéria. A abordagem quer ser um modo de conhecer que seja eficaz e consiga elaborar a superação de estar à mercê de um destino (o tempo) intimidador. A abordagem é decifração. O modo de o humanóide conhecer tem que ser uma descoberta que leve a um acerto de postura que gere eficacidade, em vista de seus projetos de poder.

O tempo, então, impregna o espaço-matéria de sua urgência: os projetos suplicados em acordos com os senhores do tempo, as ondas-códigos escuras, às vezes chamadas de "deus", outras de "poderoso", "o criador", ou mesmo "olho que tudo vê" de que dá ilustração o filme "As duas Torres". A escuridão opressora gosta de aparecer como o deus poderoso, gosta de se esconder nas formas enganosas de "bons espíritos", "espíritos iluminados", "anjos do céu". Mas todas as designações indicam a opressiva escuridão que intimida como tempo, e escraviza os humanóides no cenário dos trabalhos forçados - a redoma -, cujo fim é a inutilidade de quanto fazem, mas sempre alimentados com a névoa escura, ilusória e alienante da esperança.

E surgem as muitas teorias do conhecimento e as muitas teorias do domínio do homem sobre a natureza. Dominar conduz internamente o destruir. Ao gosto, e dentro do espírito, das ondas escuras. Terra é sinônimo de devastação sem volta.

O espaço e o tempo como formas a priori e os conceitos da razão pura, que revelam a máquina de pensar, postos na Teoria Transcendental (como diz Kant) configuram a "razão pensante" (o cogito, de alguma maneira) do humanóide. Quer com Heidegger, quer com Husserl, essa razão resiste a ser desvendada.

Einstein põe a luz como o absoluto, a pedra angular do pensar científico. Tempo e espaço serão conceitos relativos ao observador, e serão um espaço-tempo. De algum modo, se tornam a subjetividade do tempo e do espaço kantianos. Ficando a luz como a garantia da neutralidade cognitiva, no lugar do "Deus" cartesiano, o garantidor da verdade do pensar. A luz se faz a garantia que tem o ser transcendental de Kant.

No entanto, a luz einsteiniana, ou o deus cartesiano, ou o ser transcendental kantiano, apontam para uma dependência do pesquisador com relação ao cenário da redoma. A luz, o deus, o ser, trazem mais conforto ao pesquisador. Parecem ser algo mais estável que sua própria razão. A luz será algo que permitirá abraçar e manusear todo o Universo. O deus cartesiano, um em si incognoscível, permite residir na redoma da matéria e cronometrar seu tempo. O ser transcendental une o eu e as coisas, faz a ligação para uma convivência possível. Torna possível o conhecimento, e a partir daí, a saga dos humanos adquire perspectiva de sucesso.

Kant acentua que nada pode dar-se a mim fora do espaço e do tempo. As coisas, nessas condições, são fenômenos. As coisas são tais como se mostram a mim. Lembra o *phaínesthai* de Heidegger. O humano pode admitir que haja um deus poderoso, ou qualquer coisa do tipo, mas está fora do tempo e do espaço. E coisas que não sejam espaciais nem temporais, serão coisas *em-si*, inacessíveis ao conhecimento.

Esta tese revela o mundo fechado como redoma na mente de Kant, assim como na de Husserl, de Heidegger e, o pai de todos, Descartes. Por profissão de fé na razão, o pesquisador, e, por extensão todas as ondas-códigos cativas, deverão se contentar com ocupar-se da redoma, o mundo visível, o mundo apreensível a partir das condições racionais ou ideais de tempo e de espaço, incluindo-se a luz como um espaço-tempo absoluto. Nada muda. A proposta é ficar por aqui e explorar essa imensa visibilidade espacial temporal. É aí que decorre a existência, a vivência, a epopéia da vida dos terráqueos. Não há outros recursos que os tirem disso. É o que pensam e pregam esses pesquisadores.

Estas visões da filosofia ou da física não permitem avançar o olhar para fora da redoma. Ao contrário, colocam mais cimento no teto da abóbada. É como se fosse proibitivo alguém se aventurar para fora disso.

Essas teorias, assim como as ideologias são parentes entre si. São variações do mesmo gênero. Nenhuma delas consegue ter uma proposta para os cativos saírem da redoma. Quanto mais afirmam os princípios da lógica, da pesquisa, da teologia, mais reforçam o estado de condenação do humano, onda cativa. Esses princípios congelam o tempo, o espaço, o próprio devir do que se possa listar (ciência, filosofia, lógica, teologias) como totalitarismos tácitos e inescapáveis. Para aliviar a decepção, elaboram futuros risonhos, esperanças adocicadas, ou mesmo cenários cheios de batalhas colossais, olímpicos, heróicos, vencedores, e transfiguradores do real. É só ver essas versões intelectuais nos filmes de Cameron, Zefirelli, Spielberg, e outros. Mas só fazem povoar a fantasia das populações de povos de todos os continentes, e incitá-los cada vez mais a um trabalho, insano, para conquistar cenários deslumbrantes anunciados incessantemente pela mídia parceira de todos os crimes, solidária de toda sordidez.

Essas teorias da ciência ou das ideologias (teologias, filosofias, geopolíticas...) não deixam o olhar avançar para fora dessa bolha que, por sua vez, não deixa a onda cativa perceber o mundo tal como ele é, em termos de Universos das ondas-códigos em contínua dis-ferenciação, num jogo muito agitado de busca da supremacia e do controle.

AS CIÊNCIAS E OS PORTAIS

A respeito dos grandes objetivos das ondas escuras, as ondas-códigos que procuram a supremacia e o poder absoluto sobre os demais, pudemos perceber que elas extravasam essa busca para dentro da redoma, envolvendo as ondas-códigos cativas, os humanóides.

Dissemos que as ondas-códigos escuras disputam entre si a supremacia e o poder. Entregam-se a uma tarefa que implica a abdicação de sua liberdade e que se torna serviço de um projeto alienante.

Para tanto, utilizam-se dos códigos de suas dis-ferenciações e, com eles, criam organizações que chamamos de naves-robôs. Mera designação para algo muito fora do alcance dos mortais cativos. Essas naves-robôs são trilhões e trilhões e têm sua plataforma, seu "porta-aviões", que se constitui como sua fortaleza.

Esse projeto absorve também as ondas-códigos cativas. Os humanos. O envolvimento dos humanos se faz pelo corpo que designamos como o "artefato robótico". O artefato robótico recebe das ondas escuras todo tipo de informação e programação. Está totalmente à mercê delas. Tudo que um artefato robótico fala, diz, pensa, escolhe, rejeita, adota, assimila, o faz por ação da onda-código que o controla. E a onda-código cativa, inserida nesse corpo, normalmente não percebe que está toda manipulada e encaminhada pelas decisões das ondas escuras.

A onda-código cativa, como onda, tem a possibilidade de se livrar dessa subserviência às ondas escuras, mas fez um acordo com elas para alcançar objetivos pessoais, particulares. E tem muito medo de ser anulada pelas ondas escuras. Por outro lado, acredita com todas as forças que a onda escura lhe dará o que prometeu, embora o histórico de decepção ateste o contrário. A onda-código subserviente, cativa, não consegue se desvencilhar desse enredo.

O motivo é que as ondas escuras, alienadoras, estão continuamente injetando padrões, códigos de comando, projeções de sucesso, ameaças de um futuro aterrador, ameaças de que o deus pode castigá-la, etc.

E como isso acontece?

As ondas-códigos alienantes, escuras, estão continuamente se pondo em contato com as ondas-códigos cativas, estas que vivem na redoma, neste planeta, por exemplo. O contato é feito por aquilo que chamamos de portais. Transmitem ilusões.

Esses portais diferem muito entre si, mas fundamentalmente é uma "estrutura" de intercâmbio entre as ondas escuras e as ondas cativas. Esse intercâmbio, então, acontece como revelação divina, como visão de seres do além, como êxtases, como sonhos, como rituais litúrgicos, como rituais populares, como rezas, como promessas do fiel e trocas com a onda escura, como rituais de consagração da onda cativa à onda escura, (batismos, entregas, renascimentos, pactos renovados, revigoramento do fervor, pensamentos devotados, juramentos aos símbolos pátrios, etc.). As formas são muitas. As culturas são cheias de criatividade para desenvolver formas de contato com as ondas escuras. Mas uma coisa sempre vai aparecer no contexto: o pregador, o que recebe uma missão especial diante da multidão, o carismático, o milagreiro, o sábio, o que lê os destinos, o justiceiro, o vidente, o escolhido, o jurista fanático, o indutor de fanatismo beligerante e tantos outros que representam um papel que só estruturas robóticas conseguem. Seu chip está na mente das ondas escuras. Os portais têm seus capatazes, os intermediários.

As ondas escuras aí aparecem como o "bem" que vem em socorro das ondas cativas em seu desarvoramento. São conhecidas como "Espírito Santo", o "Jesus Pantocrator", o "Bom Pastor", todas as

Senhoras e Ícones (do Bom Fim, das Graças, de Fátima, de dezenas de outras), Pretos Velhos, Iemanjá, e dezenas de outros dos arquivos da tradição indiana, como os Brahma e Shivas, ou da tradição africana. E nada vem de interessante para as ondas cativas. Somente mais promessas de que irão conseguir alguma coisa, num momento ou noutro. A esperança é o tempo de controle e de amestramento.

As ondas cativas são jogadas novamente no futuro amedrontador e cheio de insistência para uma submissão radical sem levantar questionamentos. Ao fim e ao cabo, a lição será a de que se deve submeter à vontade do deus ou do maioral que está por trás do portal. Os portais são a água fria na fervura, apagadores de reclamações das ondas cativas que choram sua vida tão cheia de decepções, frustrações, abalos, escuridões. Os portais irão insistir na submissão e na vontade maior do deus dono do futuro da onda cativa. Esse deus pode ser um "satã", um orixá, um santo milagreiro, um espírito de luz, uma luz vaga, etc. Mas o deus sempre será a mesma onda escura, ludibriando o fervor da onda cativa, que lhe pediu favores.

Os portais vendem ilusões e as alimentam. Essas ilusões se erigem em forma de catedrais, templos quanto mais suntuosos mais atrativos, muito ouro, prata, brilho, estátuas, arte. Afinal, as ilusões das ondas cativas, inspiradas por suas matrizes, as ondas escuras, se condensam no poder supremo e na muita riqueza. Ostentação e prepotência.

Assim os portais são o modo de contato das ondas-códigos com as ondas-códigos que se fizeram cativas por venderem a própria liberdade. O processo do contato e de alimentação de revelações e doutrinas ditas eternas é um modo de trazer a essência da onda cativa para dentro da mente da onda-código escura. Essas doutrinas e revelações vão se tornar algo intocável e irrecusável dentro das diversas culturas. Se repararem nos pesquisadores, nos filmes que se fazem, seus autores sempre vão encontrar um meio de citar a bíblia dos cristãos como um recurso de dar respeitabilidade a seus achados e suposições. Não sabem que essa bíblia é sopro das ondas escuras nos ouvidos dos escribas. A onda escura educa as culturas e civilizações e grava nas suas memórias de artefato robótico a veneração inquestionável do foi soprado aos escribas.

No entanto, não só as doutrinas e revelações, não só as ideologias, filosofias, teologias, e outras produções da área da "cultura" são a mente das ondas escuras repassada para as ondas cativas, mas também as produções da ciência o são.

As ciências se servem dos mesmos recursos do pensar humano. O pensar trabalha com a lógica, as matemáticas, e a própria linguagem humana.

Mas tanto o conjunto de produção das ideologias, como o das ciências são a máquina da mente da onda escura como sendo o próprio pensar da estrutura robótica do humanóide, onde a onda cativa vai sendo absorvida.

Tanto um conjunto, quanto o outro, são o modo de controle da onda mestre, escura, sobre suas cativas, vivendo dentro da redoma, que é como designamos isto tudo que os humanos chamam de "nosso universo".

Em todas essas produções do pensar, temos o foco da mente humana dirigido para os itens que constituem este dito nosso universo. Cada vez mais os que produzem algo por vias do pensamento, revolvem as estruturas dos objetos, desta natureza, deste firmamento. A história das ciências mostra que sempre há que se passar de uma teoria a outra. A escavação para encontrar algum tesouro, algo escondido, um segredo reprisando a pedra filosofal, ou a arca, termina.

E tudo é muito demorado e custoso. Os avanços cobram séculos e milênios. Mas a humanidade celebra seus avanços. As criações tecnológicas mostram o poder de fogo dos povos mais desenvolvidos nas ciências, mostram a capacidade de destruição de tudo que está na superfície do globo.

Para as ondas escuras, isto é o progresso permitido. As disputas entre os humanóides são o reflexo das disputas entre as ondas escuras. O propósito das ondas escuras é cooptar as ondas cativas, a tal ponto que seja anulada nelas, a capacidade e libertar-se da colônia que é este Universo.

A anulação da capacidade de libertar-se é descobrir a essencialidade da própria essência. E isto consiste em perceber em si própria a descoberta que o universo a que pertence é ela própria em sua essência.

Mas esse perceber já é um querer ser esse universo-si-própria. Assim como o universo da onda mestre, a que nega sua própria liberdade e se entrega a um projeto alienante, é ela própria como universo escuro, como escuridão, assim também o universo de uma onda que assume seu libertar-se, é libertar-se dessa escuridão e inaugurar seu próprio universo como um processo de claridade.

É bom lembrar sempre que não se trata de uma escuridão ao alcance da visão, nem de uma claridade de alguma manifestação de luz. Esses termos são coisas do presente universo chamado de redoma. Trata-se de uma liberdade que se negou (a escuridão) e de uma liberdade que se ligou (a claridade). E liberdade é a essencialidade da essência. É o Nada em expansão, em termos de turbilhões de escolhas que fazem um movimento como de intensa vibração. Esse turbilhão de escolhas é o querer ativando seu próprio todo como universo.

As ideologias e as ciências são o modo privilegiado pelas ondas escuras para anular a busca da liberdade por parte das ondas cativas. Esse modo faz com que as ondas cativas sempre mais considerem este presente Universo escuro como a "Mãe Natureza", ou a "criação do mundo", deslanchadas pela bondosa sabedoria do deus. Na verdade, este mundo é a própria máquina de moer carne, ou o inferno com estilo e cinismo. Este inferno é uma pedagogia de anulação de busca da liberdade essencial. É uma educação para o ódio e a disputa, contra os demais, da supremacia. Gera a dor, a depravação e a morte. Pretende o falimento da busca da liberdade essencial.

Sem que se supere a capacidade de pensar, sem que se perceba a percepção como modo de ser essencial de uma liberdade, não há progresso na anulação da redoma.

NAVES-ROBÔS E PROSELITISMO

As ondas-mestres com suas dis-ferenciações constroem, como dissemos, naves-robôs. Naves-robôs é um termo que quer dar conta dos arranjos de códigos que as ondas mestres fazem para se tornarem aguerridas e inexpugnáveis, nos enfrentamentos para disputar a hegemonia, a supremacia e o poder com relação às pretensões das outras ondas mestres, todas "escuras", malignas.

Essas ondas, ditas escuras, por pretenderem a supremacia do poder, expõem o que esta pretensão contém. Mobilizam em si própria todo ódio e destruição, todo cinismo e sordidez, todo tipo de velhacaria, prepotência, desprezo, armadilhas, manipulação e controle. Constroem armas e milícias, - sui generis, claro -, lançam mão de traições e cooptações em troca de vantagens, corrompem e enganam. Isso lembra, claro, os socialismos, os seguidores de religiões, etc.

Têm o perfil do que chamamos de demônios. As ondas escuras são o que as culturas designam como "demônios". Ou o que outros designam como "deus", como o "protetor", o "criador". São muitas as designações, no correr da história dos humanos. Mas esses humanos não se dão conta de que se trata da mesma onda mestre, a que exige sacrifícios humanos para seu fiel atestar fidelidade. A mesma onda que exige que se consagre os filhos a ela, que se entreguem as vontades, as liberdades, o coração e a mente para ela. Ela se apossa do vivente. Anula-o e o põe a seu serviço.

Esse perfil tenebroso se encontra em todo o planeta Terra, na figura dos maiorais do planeta, dos condutores, dos líderes que se destacaram por causarem o extermínio de dezenas e centenas de milhões de humanos, na figura dos carismáticos, dos políticos, dos criminosos do tráfico, das supremas cortes de diversos países (por sinal, aliadas do narcotráfico), de empresários numerosos no correr da história, nas proposições dos partidos políticos que adotam o totalitarismo, - como é o caso dos partidos de esquerda, socialistas (que transformaram o Brasil na maior rede do crime organizado, fazendo de muitos partidos células do crime), ou como as agremiações religiosas que supõem ter uma verdade (manipuladoras da opinião pública) -, e na figura de todo formulador de ideologias (governo mundial, geopolítica, política externa, por exemplo).

E a busca da supremacia sempre se formula em termos totalitários. E todo totalitarismo é fascista por definição. São termos tautológicos. A lista de representantes desse fascismo está colocada parágrafo anterior. Dissemos que as ondas cativas, desejosas de poder e riqueza, são como o pingo de tinta que se dissolve na água de um aquário. São absorvidas, consentidamente, pela mente criminosa e escura das ondas mestres.

Indivíduos dessa lista desenvolveram controles da opinião pública, intimidaram, escorraçaram a população que lutou pelo combate ao crime organizado e à corrupção dos políticos, vedaram a inspeção e análise de suas sempre suspeitas contas bancárias, apoiaram o crime organizado, tornaram-se o próprio crime organizado nos postos de poder e decisão, traíram os ideais de democracia. Por trás disto sempre há uma suprema corte. Isso tudo mostra que os que se revestem do poder e querem o controle dos outros, são a malignidade das ondas sórdidas em atuação nas sociedades. A imprensa se mostra o melhor aliado da escuridão devastadora.

Para se preservarem e para tentarem se sobrepor a outras ondas escuras, as ondas mestres de que falamos, essas ondas escuras, se estruturam como naves-robôs, colossalmente imensas. E disso já falamos.

As naves-robôs representam arranjos de códigos da própria onda mestre. Os códigos são as dis-ferenciações, explosões de códigos, da própria onda mestre em cada momento que produz decisões. E isto é contínuo, e incessante. As dis-ferenciações são a exposição do "conteúdo" da essencialidade da onda. São os eus de si própria, como ondas também. E as decisões são projetos de supremacia em constante rearranjo. O Universo escuro é um universo de ataques contínuos, de elaboração de estratégias a cada instante.

Lembramos o que já dissemos: "naves-robôs" são um modo de nos referirmos a esses arranjos lógica e matematicamente elaborados, confeccionados com "códigos", sendo que cada código é um item (uma onda) gerado na explosão - a dis-ferenciação) -, das decisões da onda mestre.

Essas naves-robôs são feitas e refeitas continuamente para enfrentar a inteligência similar de outras naves-robôs que pretendem igualmente a supremacia.

Para tanto, para ter um arranjo cada vez mais surpreendente e inesperado, mais invulnerável, essas ondas mestres projetam o que chamaríamos de porta-aviões. Vamos designar isso de "plataformas", onde trilhões de naves-robôs se assentam como numa fortaleza. Lembramos que esses termos são um esforço de comunicação, assim como conceitos que supõem tempo e espaço. No âmbito das ondas, essências, não há forma, nem tempo, nem espaço, nem peso, nem volume. Elas não ocupam lugar. São uma vontade alienada, na busca da supremacia. Apenas isto.

Essas ondas mestres, para se tornarem mais poderosas em vistas de seus enfrentamentos, buscam aliciar outras ondas que pretendem a mesma coisas, mas escolhem se aliar a essas outras para conseguir alguma vantagem. As ondas aliciadas representam muitos trilhões de códigos, que podem compor com as naves-robôs e trazer algum ganho. É então que as ondas mestres acolhem os pedidos dessas ondas aliciadas e fazem promessas de que serão decisivas para a conquista o sucesso dos projetos das ondas aliciadas. Fecham-se muitos acordos. Nunca cumpridos por essas ondas mestres. Aí a prática do proselitismo. Sempre reproduzido no mundo da realidade virtual, a redoma dos humanos. As ondas aliciadas, são postas em quarentena e observação, e enjauladas num corpo tal como conhecemos. Ou então em corpos desconhecidos por nós e que vivem em outros incontáveis planetas. O corpo se torna a condição, para a onda aliciada, para conquistar seus anseios, pleiteados à onda mestre, no acordo. A partir do acordo e do corpo, a onda aliciada se torna uma onda cativa. E cativa quer dizer capturada, aprisionada. O corpo se mostra apenas o casulo feito de programações na mente da onda mestre escura. O corpo se mostra um artefato de controle da onda mestre sobre a onda cativa. Por isto é designado estrutura robótica ou unidade robótica. Fará parte, sempre, dessa nova Legião Estrangeira.

8   A UNIDADE ROBÓTICA

Nos capítulos precedentes, noticiamos que o Universo em que vivemos, como tal, não é o que se vê como panorama visual e que é designado de o "mundo criado". Nesta expressão já se nota a presença de um pacote cultural, de fundo religioso, desde os tempos das cavernas. Este pacote cultural está de tal modo enraizado em cada um, que as pessoas não se sentem constrangidas em repetir continuamente esse aforismo. E, no entanto, esse "mundo criado" não passa de uma enganosa realidade virtual, vista a partir dos óculos de realidade virtual, que é a mente das ondas escuras, onde as ondas cativas se encontram diluídas, como o pingo de tinta que é absorvido e se dilui na água do aquário.

CÓDIGOS E CONTROLES

Noticiamos que este presente Universo é resultado de uma escolha, de um querer matricial originário. Mas sem que lhe pese o tempo ou o espaço. Se o **querer** originário fez eclodir incontáveis Universos que expandem a liberdade (os "universos claros"), esse querer não foi um querer total ainda, e, por isto, o que lhe falta como completude (uma linha assintótica com relação ao todo de si), eclode como incontáveis Universos da negação da expansão da liberdade.

Nosso Universo se mostra como um desses Universos ditos escuros, o da negação da liberdade, o da busca da supremacia sobre os demais.

Nosso Universo se mostra um atordoante "ninho de serpentes", de ondas mestres, cuja ação contínua é a anulação de suas rivais e a busca da hegemonia.

Por outro lado, essas ondas procuram aliciar outras ondas que se fazem prosélitos, ou aceitam marchar como uma "Legião Estrangeira". Trata-se de uma iniciativa que acrescenta trilhões de novos códigos para a elaboração do que chamamos naves-robôs. Neste Universo tudo se faz batalha, uma luta exasperada e incessante para garantir um lugar e desbaratar o dos outros.

As ondas códigos aliciadas, as ondas cativas, são, então, postas, para controle total, em casulos chamados "corpo" - o corpo dos humanóides.

O corpo tem a finalidade de manter o controle da onda mestre, a chefe das forças em guerra, sobre as ondas cativas.

Esta iniciativa indica que a onda mestre sabe que a onda cativa tem uma fresta na porta de sua prisão (o corpo). Esta fresta é o fato de que todas as ondas claras e escuras são a dis-ferenciação da mesma onda matriz originária. E há, nas ondas escuras, o vestígio da liberdade, o ressoar do apelo para a libertação em busca da expansão de si na conquista do seu todo.

Este vestígio, este ressoar, inquieta as ondas mestres escuras, porque, se uma onda cativa sai por esta fresta da porta de sua prisão, põe em risco o jogo da onda mestre escura. Trilhões de códigos das ondas cativas deixam de fazer parte da estratégia das naves-robôs e desequilibra o jogo de guerras.

O CORPO É PROJEÇÃO DA MENTE DE DEMÔNIOS

As ondas escuras, ou, simplificando, a onda mestre com seus códigos, expõem as dis-ferenciações incontáveis que explicitam o conteúdo de si mesmas. Estas dis-ferenciações são ondas também e explicitam de maneira detalhada e aguda os propósitos da onda mestre.

O aliciamento das ondas com que fazem acordos, as ondas cativas, tem, como contrapartida o controle, que é feito pelo artifício do corpo. A onda aliciada cativa, na esperança de conquistar o que pediu ao santo, a onda escura, que a tradição cultural denomina demônio, se sujeita a aceitar a condição do corpo orgânico, sem saber que este corpo lhe oferecerá apenas a miragem da realidade virtual gerada na mente da onda que a aliciou. O pedido de ajuda à onda demônio é considerado crucial e vale tudo, para a onda cativa. Tudo do corpo, tudo do mundo circundante é realidade virtual, sem consistência.

A realidade virtual gera um mundo narcotizante, que embriaga os sentidos e embevece a razão. Coisas do corpo.

A onda cativa que foi "alojada" no corpo, entregou inicialmente, como parte do acordo, sua vontade para a onda escura demônio. Abriu mão de sua capacidade de escolha. Neste jogo, a onda mestre demônio dilui na sua mente o "pingo de tinta" que é a onda cativa aliciada e interesseira. A onda cativa apostou tudo, a liberdade de sua essência, a expansão de si própria e abortou a conquista do todo de si. Tudo de mais precioso ela entregou à onda mestre demônio. Em troca de poder, riquezas, fama, aplausos, ostentação, beleza, vida eterna (Pasmem!) e outras miragens do mundo de realidade virtual, nada existente. Na verdade, a existência é uma delongada passagem pela ilusão da paisagem, cujos ícones são os ricos e famosos. Sua ostentação vem em forma de tecnologias, engenharias, e ocupação geológica. Por sinal, estes mercenários têm um papel relevante no governo da alienação posta pelas ondas escuras demônios.

Por estar diluída na mente da onda escura demônio, a onda cativa aliciada não percebe mais seu Universo como escuridão. Sua percepção ficou bloqueada. Ela verá o mundo a partir dos dados oferecidos pelo corpo. O mundo criado fica sendo seu ponto de referência. Desde tempos imemoriais.

O corpo é o modo de a mente da onda escura abocanhar a autonomia da onda cativa. O corpo se mostra o artefato de alto alcance de alienação posto pela onda escura. A onda cativa fica alojada no corpo. E o que percebemos é que a glândula pineal e também o cerebelo se tornam as estruturas que compõem o quarto da prisão. Dizer isto parece um pouco gratuito, mas reparem que o corpo é uma programação virtual gerada na mente da onda escura que busca o controle. As ondas não têm materialidade. Nem o corpo tem materialidade, sendo apenas realidade virtual gerada na mente da onda mestre escura. Assim, dizer que a onda cativa fica alojada na pineal-cerebelo, é o mesmo que dizer que a onda cativa se atém a prescrições de controle definidas pela onda mestre demônio. "Estar alojada" não quer dizer "ocupar um espaço" no cérebro.

No âmbito das ondas, não faz sentido falar em espaço, em local. Há o querer envolvido pelo querer alheio. Este é o real. O envolvimento é o acordo prisão. Este acordo tem suas estruturas codificadas como prescrição, cuja realidade virtual é a pineal-cerebelo.

Lembrar que a onda cativa perdeu a capacidade de percepção que lhe permitiria perceber o esquema de dominação a partir da percepção onda. Mas agora a onda cativa se submeteu a trocar a percepção própria de sua essência, por uma pseudo-percepção que é a visão ofertada pelos sensores do corpo, pelo funcionamento do corpo. O corpo todo é um blefe enganoso.

A percepção essencial levaria a onda cativa a sair da dominação da onda mestre, levaria a descobrir a fresta da porta da prisão em que se encontra. Mas agora só resta à onda cativa as estruturas projetadas pela mente da onda mestre demônio em vista do controle e da cooptação definitiva da onda cativa a fazer parte de uma nave-robô.

O TÁLAMO É A CABINE DE COMANDO

Nesta simulação de realidade, o corpo faz parte da realidade virtual, criada e controlada pela mente da onda mestre. O tálamo foi escolhido como a cabine de comando. O mesmo se diga do tálamo: é uma estrutura de códigos que se tornam o modo de contato da onda mestre com a onda cativa. É daí que surgem os sonhos, todos eles doutrinadores, aliciadores, intimidadores, exigentes de obediência, etc. Sendo o corpo uma realidade apenas virtual, a onda cativa se prende a esta miragem alucinatória, como seu meio de sucesso. E, com o corpo, o mundo ao redor. A onda cativa se volta com tudo para desvendar a mágica deste mundo, algo mágico que se esconde em cada forma ou evento. O mundo se faz o mapa do tesouro.

O mundo, para a ilusão da onda cativa, precisa ser desvendado como exigência de sucesso para a onda cativa e seu povo, sua humanidade. A onda cativa é absorvida inteiramente pelas condições deste mundo. E a onda mestre o torna a tarefa insana e interminável para a onda cativa, o seu trabalho, seu destino, seu futuro, sua tábua de salvação.

Estabelecida a ponte do tálamo com a pineal-cerebelo como a estrutura de códigos virtuais para o controle sobre a onda cativa, tudo o mais no corpo é posto para a eficácia deste controle. O corpo se mostra, então, um conjunto de códigos gerados pelos projetos da onda mestre demônio. Tudo nele é a mente da onda mestre, em cada célula, em cada molécula, átomo ou elétron. As partículas, e sua organização, são as projeções de supremacia da onda mestre. São códigos que a onda cativa vê através do corpo como matéria, química, física, biologia. A mente da onda mestre demônio (ou deus, se você quiser) tem a posse da "mente" (o querer) da onda cativa. A onda mestre passa o filme de ilusões, os encantos da realidade virtual.

O tálamo e a pineal, vistos como itens anatômicos biológicos, para a visão da onda cativa, agora se mostram peças de um computador com controle remoto. Claro, para o cientista que estuda o cérebro, a coisa é outra. É só procurar nos manuais de anatomia, nos artigos publicados sobre as últimas pesquisas sobre a desafiadora estrutura do cérebro, que os métodos de pesquisa sobre o conjunto das partes que constituem o cérebro (neocórtex, sistema límbico, complexo reptiliano) seguem os critérios que se utilizam em outras ciências. Hipóteses, observação, experimentação, vão acumulando informações no correr dos anos para trazer informações que sejam seguras para o conforto da vida humana.

No entanto, quando dizemos que o corpo é uma unidade robótica, não estamos falando no sentido em que esse termo é usado para se referir, de algum modo, ao conjunto das funções da anatomia do corpo, ou o corpo como uma máquina. Nosso ponto de vista se volta para o que a percepção, e não a inteligência racional, descobre. A inteligência racional, a investigação científica, segue o caminho pretendido pela onda mestre. O "ver" da inteligência racional é um ver que se depara com a realidade virtual, como se ela fosse a realidade em si diante dos olhos. Esse "ver" é desde sempre um ver manipulado pela onda mestre. Trata-se de uma atitude investigativa que quer desvendar os segredos mais íntimos da estrutura humana biológica, e com ela, as demais questões consideradas cruciais como as emoções, a tipologia comportamental, a sociabilidade, as áreas específicas de interesse profissional, um entendimento de como aí acontecem as disfunções, etc.

As ciências buscam um conhecimento do mundo entorno, incluído aí o corpo, para diversas finalidades. Mas precisa ser um conhecimento que traga benefícios para a existência do homem. Dissemos anteriormente que esse conhecimento, esse interesse investigativo, aprofunda o foco da atenção para dentro deste mundo entorno, a redoma. Esse foco faz da inteligência observacional uma ferramenta da mais extrema importância, entendendo-a como decisiva para a sobrevivência da própria humanidade.

Mas nós trazemos aqui uma abordagem que "pula" a barreira dos limites dessa redoma ao alcance da vista. Esta abordagem que trazemos revela que o principal não é mostrado. E que o homem vive uma fraude cognitiva. O que ele "vê" não é a realidade mais decisiva, é o engodo de uma realidade virtual. A pesquisa da ciência será sempre um "ver" através dos óculos de realidade virtual. A pesquisa será sempre um modo de afivelar cada vez mais as correntes de sua prisão existencial. Esta prisão vem dizer-lhe que este mundo entorno é o todo de seu destino, o todo do sentido de sua existência. Mesmo que a investigação se dirija para o lado das espiritualidades, ou das teologias, ou de concepções ditas "do além", essas investigações não levantam vôo. Esse "além", essas espiritualidades, essas teologias, apenas o levam a portais, onde quem atende é uma onda escura subalterna que continua o processo de suborno intelectual e de desinformação. Essas ondas escuras não irão nunca mostrar o esquema de manipulação que criaram como o mais definitivo e seguro para suas pretensões de cooptar as ondas cativas (os humanóides) e anular sua capacidade de libertar-se.

Só a percepção, em sentido específico que demos neste texto, é que é capaz de prodigalizar uma visão totalmente inédita. Esta visão já se mostra uma libertação do engodo que as ondas escuras criaram. Mostra o esquema que faz do corpo essa unidade robótica, cuja finalidade é controlar a onda cativa e ir anulando sua vontade de libertar-se.

A unidade robótica é o artefato engenhoso criado no contexto da realidade virtual. Já dissemos que o tempo e o espaço, a duração e o progresso evolutivo, são coisas da mente da onda escura. Tudo está nela. A onda cativa se deixou assimilar a essa mente. E essa mente tem tudo, o passado e o futuro, a duração e os passos evolutivos, no instante. Mas faz parecer à onda cativa, através da unidade robótica, que tudo tem seu tempo, sua duração, seus passos evolutivos.

Tudo isso é o delírio da realidade virtual. O engodo da onda mestre, para conquistar a anulação do querer libertar-se da onda cativa.

A unidade robótica é toda ela confeccionada, do ponto de vista da biologia, a partir de elementos designados "células". No entanto, cada célula, para a abordagem perceptiva, está impregnada de elaborações intencionais da onda mestre. Estas intenções impregnam as células de programações. Assim designamos um número incontável de itens que irão trazer à unidade robótica inesperados acontecimentos que ocasionarão ao corpo biológico doenças de todo tipo. Trarão disfunções, deformidades, transtornos mentais, alterações do psiquismo, incapacidade afetiva, sociabilidade anormal, incapacidade produtiva, etc. Essas programações também são responsáveis pelo aparecimento de indivíduos de baixo rendimento social ou de alta habilidade empreendedora, indivíduos superdotados na inteligência, no corpo físico, na criatividade, indivíduos de alta capacidade e sucesso em qualquer coisa que façam. A lista vai longe. Programações que mostram a intenção da onda mestre escura.

Procurar no cérebro físico anatômico as explicações para o extraordinário em termos de deficiências ou excelências de desempenho, será uma busca equivocada. As programações da onda mestre são sua intenção moldada para cada indivíduo biológico, fazendo-o uma unidade robótica. O que tem em vista é o controle sobre a onda cativa que reside na estrutura corporal, em termos de uma prisão na mente da onda mestre. Lembramos que a onda cativa não é uma realidade física, nem o corpo biológico. Este corpo é uma criação da mente da onda mestre, a onda escura, que o projeta como realidade virtual. E a onda cativa que entregou sua capacidade perceptiva para a onda mestre, só tem, agora, este corpo virtual como meio de atividade e desempenho no mundo entorno, o mundo "realidade virtual".

Assim, a unidade robótica, o corpo, está toda ela imersa na onda mestre, a escura. Cada célula desta unidade robótica é antena que capta as frequências da onda mestre. Há que se distinguir entre as células biológicas e as programações não detectáveis pela pesquisa científica. Se as ciências têm habilidade para analisar as células biológicas e os sistemas funcionais do corpo, os olhos da ciência não têm condições estruturais de encontrar as programações geridas pela mente da onda mestre. É muito comum as pessoas se queixarem de problemas de saúde, sem que os equipamentos médicos, nem os próprios médicos, consigam identificar a causa do problema, e, às vezes, nem o problema como tal.

AS PROGRAMAÇÕES IMPREGNAM O CORPO

Então há que se considerar duas abordagens relativas à funcionalidade do corpo humano. A abordagem dos sistemas biológicos e a abordagem do que chamamos de programação. Os sistemas biológicos, a anatomia e as funções dos sistemas individuais do corpo, são todos satisfatoriamente conhecidos graças às pesquisas da ciência. No entanto, as programações que se sobrepõem aos sistemas biológicos, estas programações não são acessíveis à ciência. Não são acessíveis pela iniciativa sensorial, nem pela iniciativa intelectual racional. É um campo vedado à onda cativa. Ela só pode ter acesso àquele conhecimento que se processa pelas vias próprias da unidade robótica (os recursos sensoriais e racionais).

O acesso às programações que impregnam a unidade robótica, se dá somente pela percepção. A percepção é o modo de ser da onda-código pessoal, a essência pessoal. A percepção é o acordar da essência para a situação de prisão gerada pelos acordos pactuados com a onda mestre, em busca de vantagens e benesses em troca da liberdade pessoal.

A percepção e a porta de saída da clausura que põe a essência pessoal à mercê das decisões da onda mestre. A percepção é ato libertatório incondicional. Acontece quando a onda cativa rompe os laços com a onda mestre escura, abre mão de todas as metas de grandeza que pediu e se percebe como a grandeza que é como liberdade. Essa percepção, como o dar-se conta radical, sintoniza a essência consigo mesma, que é a sintonia com seu todo. A percepção é o exercício do querer, e abre a expansão da essência, sem precisar depender do que quer que seja.

Será a percepção que dará acesso à programação que impregna os sistemas do corpo biológico. Por ser uma programação de controle por parte da onda mestre escura, essa programação constitui a figura do humanóide, como unidade robótica. A programação de controle está inteiramente integrada aos sistemas do corpo.

A própria engenharia do corpo já foi projeção da onda mestre, e agora a programação da onda mestre traz um sistema de controle capaz de interferir a qualquer momento nas funções próprias dos sistemas biológicos. O corpo biológico com seus sistemas, por ser projeção da onda mestre para limitar e domesticar a onda que se fez cativa, é, por si mesmo, um sistema de controle. Os recursos do corpo vedam o acesso da onda cativa às programações secretas da onda mestre. A onda cativa só consegue descobrir estas programações se for capaz de um ato de rebeldia, um ato de liberdade. Só retomando sua autonomia essencial é que a onda cativa deixará de ser cativa e se tornará expansão para o todo de si mesma.

A retomada da própria autonomia revelará à essência pessoal os esquemas de controle que só a percepção poderia revelar. E a percepção mostrará o duplo sistema de controles para anulação da liberdade da onda que se fez cativa pelos acordos com a onda mestre. A busca de grandezas, de supremacia em alguma coisa, de poder, de riqueza, de fama, de beleza, de dominação, e muitas outras coisas mais, é que lançou a onda código inicial à condição de se tornar cativa. O rompimento com tudo isso abrem os olhos perceptivos da onda e a libertam para si mesma. Quando a onda cativa descobre que é cativa da onda mestre, ela descobre que é assim por sua própria opção. Descobre que seu destino de anulação de si própria, de decadência, de percalços sem conta, é divido às suas escolhas e acumpliciamento com a onda mestre de que se faz servidora.

Os controles estabelecidos pela onda mestre para a anulação da liberdade da onda cativa, são o corpo como parte de uma realidade virtual, e as programações que completam um jogo que faz da onda cativa um joguete em cada ato. A onda cativa se sente tão oprimida que se volta a cada vez, para a onda mestre opressora, e se põe a procurar portais de contato com ela para a súplica de sair da desventura em troca de seu coração. E as religiões, os rituais de todo tipo adquirem relevância, muito mais que os conhecimentos racionais (economia, psicologia, sociologia, ideologia, etc.) que analisam a realidade. Recorrer a uma ou à outra é ficar no mesmo.

Essas programações, inacessíveis ao conhecimento científico, essas programações são a chave para entender o perfil de cada indivíduo, suas escolhas, sua idiossincrasia, sua vida de sucessos ou de insucessos, suas doenças (crônicas ou não), suas curiosidades cognitivas, seu modo de viver a afetividade, etc.

Quando examinamos, com um indivíduo, as partes do sistema límbico, o hipotálamo revelou, para esse indivíduo, cerca de vinte e cinco mil itens que se combinavam para trazer-lhe desconforto relativo a uma determinada experiência existencial. E isso significava, para este indivíduo, que quando ele se punha a pensar para resolver, ou entender o que estava acontecendo, esses itens traziam combinações inesperadas, e, cada vez mais, o indivíduo se percebia impotente para sair da situação. Para outros, a depressão, a síndrome do pânico, só para citar transtornos mais comuns, se colocam no mesmo padrão. Um indivíduo sofrendo de convulsões comentou que seu médico lhe prescreveu extrema medicação. Mas também alertou para o fato de que esta medicação trazia sério risco de vida, do mesmo modo que a incidência das convulsões excessivamente fortes de que ele sofria. No entanto, esse indivíduo pôde localizar um conjunto de códigos que estavam por trás de seu sofrimento. E tomou a iniciativa de retirá-los. E foi assim que, por sua decisão, ele se viu livre desse quadro funesto. Cessaram as convulsões, voltou à vida normal (volta aos estudos, emprego, etc.) sem medicamentos. Retirar o conjunto de códigos de programação é um ato de querer. Querer se desvincular do acordo que o submeteu à onda mestre. Fatos como este se repetiram em outras ocasiões, com outros indivíduos. Não há mágica nisto, nem algo como um milagre. Mágica e milagres são manipulações dessas ondas para manter cativas suas vítimas. Diversas outras situações constrangedoras e onerosas foram resolvidas do mesmo modo. A identificação do quadro de códigos de programação, sua eliminação e rompimento com a onda mestre.

Incontáveis itens da programação se combinam para manter o indivíduo enredado na situação que o oprime. O sonho da noite com o desfilar de aranhas no cenário, já fala muita coisa dessa teia de enredamento.

A programação se mostra como uma efervescência danosa para cada sistema, ou órgão do corpo. Se mostra como uma erupção vulcânica inesgotável de códigos que se combinam, a partir do controle da onda mestre. Estes códigos são como redes que se atravessam e se superpõem nos limites do corpo. A ativação de um código, em um sistema do corpo, também ativa outros itens vinculados a esse código, e que estão em outros sistemas: se mostram como uma rede autônoma. Tais combinações são desconcertantes para avaliar qualquer diagnóstico.

Essa programação como um todo vigora na "mente" da onda mestre, a escura, e que as culturas designam "demônio", ou mesmo "deus", e suas variantes vocabulares, de maneira geral. Como a onda mestre controla incontáveis outras ondas cativas, a própria onda mestre faz a rede de comunicação entre essas ondas cativas. É uma comunicação entre pessoas da mesma região ou de regiões e continentes diferentes.

Programações não só se confirmam como programações próprias de uma unidade robótica, mas também como programações que vigoram entre grupos sociológicos (identificados por itens como parentesco, religião, raça, pátria, etc.). Por estas programações, que se estendem como redes muito diversificadas, as sociedades se mostram muito conflitivas, muito instáveis, muito agitadas onde os grupos pretendem fazer imperar o próprio ponto de vista. As programações da onda mestre põem todos em conflito.

De modo geral, o corpo se apresenta como uma espécie de mainframe, marcado com um propósito, que abriga um conjunto imensamente numeroso de softwares. Os sistemas biológicos do corpo têm um funcionamento previamente programado, estabelecido pela onda mestre e ao alcance das ciências. O quadro biológico, e sua funcionalidade, está ao alcance das investigações científicas, da razão. Esta possibilidade de descobrir o que se passa nestes sistemas, o como funcionam, o como adoecem, o como podem ser restabelecidos como sistemas saudáveis, ocupa muitas centenas de instituições e pesquisadores. Os resultados da pesquisa trazem muitas esperanças, despertam novas interrogações, etc.

Mas se trata ainda do mainframe bruto, a base de operações da onda mestre. Inclua-se aí o próprio DNA, o SNC, o inter-relacionamento dos elementos anatômicos do cérebro.

Mas quando se trata da programação, o software como um todo, não há investigação que tenha alcançado o próprio item (o quadro de softwares) a ser estudado. Essa programação, que se abate sobre o indivíduo, desconcerta todo e cada indivíduo. Dissemos que a onda cativa é um pingo de tinta absorvido pela água de um grande recipiente, a onda mestre que a controla. É a própria "mente" da onda mestre que absorve esse pingo de tinta. Essa mente organiza um conjunto de códigos que vão dar no perfil principal de cada indivíduo. Perfil que será sua tarefa pelo resto dos seus dias. Perfil que carrega muitas agitações, frustrações, expectativas, muito medo, perplexidade, ilusões sem conta.

O perfil do indivíduo desenhado pela onda mestre, a própria escuridão, esse perfil, que o faz único, se torna sua euforia, seu sucesso societário, mas também suas agruras, suas doenças, suas perdas, seus enganos e decisões prejudiciais. Todo perfil representa os desejos da onda cativa postos no acordo com a onda mestre. A onda mestre dará o toque final, e deixará sua marca.

A unidade robótica, o corpo, expõe esse perfil único. E é com isto que a onda cativa se identifica. Eu sou assim, diz ela. A onda cativa, a essência do indivíduo, adota como sua essa escuridão cheia de armadilhas e surpresas, cheia de percalços e opacidades. Se arrasta pela existência carregando esse fardo, acreditando que seus pedidos à onda mestre serão atendidos. Alimenta a esperança, estende o tempo futuro, cria teorias e teologias para lhe trazerem alento. E tudo que consegue é uma velhice com tantos problemas, que o quadro de perspectivas se mostra já sem cores, dissuasório e insípido. Em geral as pessoas se voltam para essa onda mestre escuridão, com rezas e conformidade com a situação, como quem presta homenagem a uma eterna sabedoria. A unidade robótica se apaga.

E o que será da onda cativa, carregando um conjunto imenso de *softwares* ? Os softwares que compuseram a programação que teceu sua identidade, e que foi o *stream* de sua vida que representou uma grande decepção e que a obrigou a construir e alimentar esperanças sem fim? E alimentar esperanças é se alojar na "mente" escura da onda mestre, e se entregar cada vez mais ao colapso de si própria como liberdade essencial.

O cessar da unidade robótica não mostra nenhum paraíso para a onda cativa, nenhum Céu tão prometido e tão exigente, nenhuma cadeira para ela se sentar ao lado do seu deus-pai (a onda escura de sempre). O "outro lado" é o mesmo lado em que já estava a unidade robótica. É o seio da onda mestre, a escuridão, a própria mente da onda escura onde a onda cativa fora absorvida como o pingo de tinta na água. A realidade virtual desaparece para ela, onda cativa. Agora ela irá, imediatamente, ser encerrada numa nova unidade robótica. No âmbito da onda mestre não há tempo, não há demora.

E tudo se recompõe. O mundo-realidade-virtual reaparece. E a onda cativa continua seu cativeiro por incontáveis vezes. Bilhões de vezes, trilhões e mais trilhões de vezes. Mas não há tempo no âmbito das ondas escuras. O processo está para anular a possibilidade de esta onda cativa acionar sua liberdade essencial.

E a onda cativa carrega novamente sua programação. A programação vai crescendo e se consolidando com a experiência da unidade robótica no mundo virtual. Cada vez mais a onda cativa se faz a própria "unidade robótica" com o desvanecimento de sua liberdade, que é sua essencialidade prospectiva do todo. A onda cativa, cada vez mais unidade robótica, se encaminha para ser mais uma onda escura serviçal totalmente robotizada, sem vontade própria. Será mais uma peça da nave-robô da onda mestre.

Esta cena nos mostra a perspectiva das civilizações neste mundo. Todo o progresso humano, todo o esforço evolutivo para chegar a uma suposta "noosfera" teilhardiana (**O Fenômeno Humano**), ou a luz divinizada de Young (em **The Reflexive Universe**), não é mais que uma estratégia da escuridão para amansar e cooptar ondas que buscam a supremacia, o poder e a riqueza. Teilhard de Chardin, com **O Fenômeno Humano** conseguiu elaborar o mais brilhante compêndio de ilusionismo sobre o homem e seu destino "cósmico". Neste esquema entra o diabo de Marx com a proposta de uma sociedade sem classes, onde pega o Ponto Ômega de Teilhard, e junta com a ditadura do proletariado revoltado e genocida, treinado para se apoderar dos bens e meios de produção alheios, e, depois, como Moisés, executar o extermínio de todos que têm uma visão alternativa. E assim o Ponto Ômega se traduzirá numa sociedade sem Estado. Os níveis de delírio não têm medida. Os totalitarismos se sucedem, encaminhados e abençoados pela escuridão da onda mestre, que, camufladamente, se mostra na forma do Espírito Absoluto hegeliano, indicando um caminho em termos da pura verdade lógica de uma dialética que leva ao ápice da sabedoria. A onda escuridão não mede as palavras. O *Cirque du Soleil* não cessa de se editar.

REFERÊNCIAS BIBLIOGRÁFICAS

Especial e adequada aos estudantes da escadaria onde mantivemos as conversas aqui reproduzidas

BAIGENT, Michael; LEIGH, Richard; LINCOLN, Henry. **A herança messiânica**. Rio de Janeiro: Nova Fronteira, 1994.

BOHM, David. **A totalidade e a ordem implicada**: Uma nova percepção da realidade. 4 ed. São Paulo: Cultrix, 2002.

CAPRA, Fritjof. **O Tao da Física**: um paralelo entre a Física Moderna e o Misticismo Oriental. 22 ed. São Paulo: Cultrix, 2004.

CRÜSEMANN, Frank. **A Torá**: teologia e história social da lei do Antigo Testamento. 3 ed. Petrópolis: Vozes, 2008.

EDDINGTON, Arthur, Sir. **The philosophy of physical science**. Ann Arbor: The University of Michigan Press, 1978.

GARAUDY, Roger. **Pour connaître la pensée de Hegel**. Paris: Bordas, 1966.

GARAUDY, Roger. **O projeto esperança**. Rio de Janeiro: Salamandra, 1978.

GARCIA, Amando E. **Totalitarismo ideológico e manipulação das consciências**: sistemas teológicos geradores de extermínios em massa. Curitiba: [s. l.], 2008.

GRAYEFF, Felix. **Exposição e interpretação da filosofia teórica de Kant**. Lisboa: Edições 70, 1987.

GRIBBIN, John. Le chat de Schrödinger: **Physique quantique et réalité**. Paris: Flammarion, 1994.

GUTIÉRREZ, Gustavo. **Teología de la liberación**. 4 ed. Salamanca: Sígueme, 1973.

HEGEL, G. W. F. **Enciclopédie des Sciences Philosophiques**: I - La Science de la Logique. Texte intégral présenté, traduit et annoté par Bernard BOURGEOIS. 2 ed. Paris: J. Vrin, 1979.

HEISENBERG, Werner. **Física e filosofia**. 4 ed. Brasília: Universidade de Brasília, 1999.

HONDT, Jacques d'. **HEGEL**. Lisboa: Edições 70, 1981.

HYPPOLITE, Jean. **Introdução à filosofia da história de Hegel**. Lisboa: Edições 70 (s.d.).

JARCZYK, G. **Système et Liberté dans la Logique de Hegel**. Paris: Aubier Montaigne, 1980.

JONAS, Hans. **The gnostic religion**: the message of the alien God and the beginnings of Christianity. 3 ed. Boston: Beacon Press, 2001.

KANT, Immanuel. **Crítica da razão pura**. Lisboa: Calouste Goulbenkian, 1985.

KRAMER, Samuel Noah. **A história começa na Suméria**. Lisboa: Publicações Europa-América, [s. d.].

LACAN, Jacques. **Écrits**. Paris: Éditions du Seuil, 1966.

LACAN, Jacques. **Séminaire livre XI**: les quatre concepts fondamentaux de la psychanalyse. Paris: Éditions du Seuil, 1973.

LÉONARD, André. **Commentaire Littéral de la Logique de Hegel**. Paris: J. Vrin, 1974.

MENEZES, Djacir. **Textos dialéticos**. Selecionados, traduzidos pelo Professor Djacir Menezes. Rio de Janeiro: Zahar, 1969.

MOLTMANN, Jürgen. **Teologia da esperança**: estudos sobre os fundamentos e as consequências de uma teologia cristã. ão Paulo: Herder, 1971.

MONDINI, Batista. **I teologi della speranza**. Torino: Borla, 1970.

PHILONENKO, A. **L'œvre de Kant: La philosophie critique**. Tome premier. Paris: J.Vrin, 1983.

POPPER, Karl R. Sir. **Conhecimento objetivo**. São Paulo: USP, 1975.

PRIGOGINE, Ilya. **La fin des certitudes**: Temps, chaos et les Lois de la Nature. Paris: Odile Jacob, 1996.

PRIGOGINE, Ilya e STENGERS, Isabelle. **Entre le temps et l'éternité**. Paris: Flammarion, 1992.

STEFEENSSEN, Ruderik. **Ontologias da rendição**: Teóricos de Ciências, Filosofias, Teologias, Ideologias, Iluminações, produzem visões do homem e do mundo que, via de regra, conduzem a civilização a um beco sem saída. Coppell (TX): Amazon, 2024.

SCHREINER, Josef. **Introducción a los métodos de la exégesis bíblica**. Barcelona: Herder, 1974.

SITCHIN, Zecharia. **O 12º Planeta**. 6 ed. São Paulo: Best Seller, 1984.

SITCHIN Zecharia. **Gênesis Revisitado**. 4 ed. São Paulo: Best Seller, 1994.

SITCHIN, Zecharia. **As guerras de deuses e homens**. São Paulo: Best Seller, 2002.

TAYLOR, Charles. **Hegel**. Cambridge: Cambridge University Press, 1975.

VATTIMO, Gianni. **Introduction à Heidegger**. Paris: Les Éditions du Cerf, 1985.

VERMES, Geza. **O autêntico evangelho de Jesus**. Rio de Janeiro: Record, 2006.

YOUNG, Arthur M. **The geometry of meaning**. Lake Oswego, OR: Robert Briggs Associates, 1976.

YOUNG, Arthur M. **The reflexive Universe**: Evolution of Consciousness. 6 ed. Lake Oswego, OR: Robert Briggs Associates, 1990.

OBRAS DO AUTOR

ONTOLOGIAS DA RENDIÇÃO

Teóricos de Ciências, Filosofias, Teologias, Ideologias, Iluminações, produzem visões do homem e do mundo que, via de regra, conduzem a civilização a um beco sem saída.

Local: Curitiba (Brasil: 0182024

Editora: Amazon.com

A obra faz uma leitura de produções científicas, filosóficas, e transcendentalistas, utilizando o que chama de "operador percepção".

A percepção é entendida , nesta obra, como operador da essência do ser do homem, e não rivaliza com o operador lógico racional do que se entende por mente humana. A razão é que a percepção como operador típico da essência do ser do homem está além dos limites da razão.

A leitura da percepção essencial encontra, nas produções intelectuais de todas as épocas, visões de mundo e do homem que criam espíritos, seres absolutos, revelações, itinerários de salvação, lógicas que se formulam como a própria presença de uma suposta ontologia de âmbito universal, e que pretendem monitorar os caminhos da civilização ao mesmo tempo que requisitam a homenagem de sua soberania.

O operador percepção, nesta obra, oferece o caminho para o que é próprio da ontologia que põe a visão do homem e do mundo nos seus devidos termos. Trata-se da ontologia possível, que, de si, recusa, por exemplo, as formulações do idealismo alemão ou da fenomenologia. A ontologia possível, pelo operador percepção, faz notar que as produções de importantes pensadores sempre colocam algum absoluto, algum ser superior (como fez Descartes) alguma instância que justifique ou que garanta a legitimidade se suas formulações.

AS FÁBULAS DA IRA

O que sempre esconderam de você

Local: Curitiba (Brasil): 2018

Esta obra percorre a linha do tempo, revendo a formulação das teologias que, como tais, levam povos inteiros a uma submissão mental e a uma negação da liberdade essencial.

A formulação do que pretende ser uma ontologia do todo, se mostra como instrumento que induz as populações ao medo, à perplexidade, e à busca de seres invisíveis, para poderem enfrentar os eventos da natureza, e receberem a segurança através de contatos articulados com ritos que só a magia poderia prodigalizar.

A obra analisa e compara escritos da antiga Suméria com os escritos posteriores daí nascidos, como textos fundadores dessa suposta visão salvífica, entendida como ontologia do todo.

A obra mostra que a visão das novas teologias, fundadas e dependentes dos escritos da Suméria antiga, são equívocos e adulteração dos próprios textos sumérios em que se fundam.

SOBRE O AUTOR

Com Mestrados em Linguística Aplicada (PUC-PA) e Teologia (PUC-RJ), fez seu Doutorado (PhD) em Ciências e Artes na UFRJ, com a tese **A difração da Pessoa no Discurso**: *a Linguagem e suas Gramáticas.*

Demonstrava aí a presença de um conjunto de lógicas que garantiam a articulação e o sentido do discurso humano.

Desenvolveu um quadro de lógicas possíveis, criando uma matriz de múltiplos de quatro, que se estendia por centenas de versões lógicas, que vão além das possibilidades do discurso humano nas diversas culturas.

Essa matriz permitia identificar e classificar todo tipo de expressão linguística configurada em termos de teses, teorias, filosofias, teologias, ideologias, espiritualidades, ciências, e outras formulações geradas pela expressão humana.

A matriz das lógicas possíveis demonstrou que o conhecimento humano explicitado em muitas realizações históricas, se servia de poucas sub-matrizes da matriz das lógicas. As expressões desse conhecimento humano se limitava a um quadro de sub-matrizes que davam a medida do alcance possível para cada cultura. A tese mostrava que, uitas vezes, nessas expressões culturais, se verificavam misturas indevidas de sub-matrizes lógicas, ou superposições contraditórias.